U0118331

出版
出版動力集團有限公司

業務總監
Vincent Yiu

行銷企劃
Lau Kee

廣告總監
Nicole Lam

市場經理
Raymond Tang

編輯
Valen Cheung

助理編輯
Zinnia Yeung

作者
中大港股票投資學院

美術設計
CKY

出版地點
香港

如何買對股票替自己加薪？

最理想的投資結果固然是賺多而又不蝕本。成功的投資者，是要獨立分辨清楚那些公司值得買入，並在市場先生給予機會時入貨，同時，亦要清楚當股價變得不合理時，便要沽貨。這個方程式，直至現在，其支持者還奉為金科玉律。唯投資市場瞬息萬變，升升跌跌乃平常事；為求取得較高的回報，許多投資者都希望可從市場短期的變化中捕捉最佳入市時機。

對於股票投資者來說，經常有這樣的困惑：我該怎樣進行投資，才能不致於虧本？怎樣進行投資，才能保證獲得較好的收益，規避掉一定的風險？在什麼時機買入賣出等等？這些問題不僅是初涉股市的投資者所面臨的問題，即使是那些涉足股市時間較長，甚至有著豐富的投資經驗和理論知識的專業人士都非常關注的問題。

學習股票的新手，上述一系列問題，本書首先透過淺顯易懂的方式，告訴大家作為投資者需要具備的各種素質，其次透過對各種要素和實例的分析，揭示香港股票市場的真正面目，告訴投資者怎樣發現股市買賣點的出現，從而把握住買賣股票的最佳時機。

你也想知道簡易的通用投資法，不論景氣好壞都賺錢？翻閱本書，複製裡面的投資方法吧！

目錄

開始建倉入市時要分批買入........................ 10
分段建倉實戰操作........................ 11
針對不同走勢創造更多收益........................ 12
炒股大忌 同時持有太多隻股票........................ 14
同時持有超過10隻股票的風險........................ 15
降低了對風險的關注度........................ 16
具體的股票組合建立有妙法........................ 17
一定要嚴格控制你的股票倉位........................ 19
弱市倉位操控策略........................ 20
把握好持倉比例........................ 21
記住！永遠只用閒錢炒股........................ 24
不要過分高估自己的能力........................ 25
令人再三回味的方程式........................ 26
只炒自己熟悉的股票........................ 28
投資大師最好的選股工具........................ 29
股神生存法則：保本第一 永遠不要虧損本金........................ 33
索羅斯三條股市生存法則........................ 34
不要先想能賺多少錢........................ 35
千祈唔好輕易相信「真係見底」的說法........................ 37
怎樣可以大大降低輸錢的概率？........................ 38

市場人氣特徵.. 39
指標背離的特徵.. 40
個股表現的特徵.. 41
逆向思維炒股法 在別人貪心時保守 在別人保守時貪心.......... 42
一起啟動炒股逆向思維吧.. 43
逆向思維可以判斷股市行情.. 44
寧可暫時錯過 不要永遠做錯.. 47
錯誤的選擇往往導致錯誤的操作.. 48
休息是為了走更長的路途.. 49
一生人只需要幾次正確的投資.. 50
不要太天真：同時追求低買高賣.. 51
每一個投資高手都有元素.. 52
運用決策理論定賣出時機.. 54
訂投資目標必須合理.. 56
盈利目標制定原則.. 57
贏家的操作思路 買進需謹慎賣出要果斷.. 60
「買進謹慎」的選股原則.. 61
不要因別人的一句話 就把自己的決定全部推翻.. 62
緊記巴菲特的口頭禪.. 64
投資和投機的區別.. 65

目錄

做個保守型投機者會安全一點......67
不要貪婪才會認真投資......68
不可盡信股評及大行報告......69
投資者應怎麼鑒別黑嘴股評家......70
大行報告真的不可信嗎？......72
盲目跟從風險大......74
相反理論操盤術 利空出盡時買入 利好出盡時賣出......75
相反理論永遠都不會過時......76
股市運行規律......77
不要對任何股票談戀愛......79
記住：股票只是賺錢的工具......80
急於挽回損失會損失更大 83
盲目換馬更易墮馬......84
弱市佈局有要訣......85
炒股手風好 請勿隨意順勢加碼......88
順勢加碼原則......89
不能在同一個價位附近加碼......90
不要「倒金字塔」式加碼......91
睇人先睇相 炒股先睇量......92
注意成交量異動波幅......93
成交量的應用法則......95

只買上升通道的股票 不買下降通道的股票........................ 98
購買上升通道的股票 必須小心注意的地方........................ 99
要密切注意成交量的變化.................................... 100
不能天真地心存「股價返家鄉」幻想.............................. 102
投資者走向成熟的必修課.................................... 103
用鱷魚法則戰勝心魔.. 104
炒股要睇國家政策.. 106
引起投資決策變化的重要因素.................................. 107
選擇政策支持股.. 108
重視股票的換手率.. 110
換手率要注意的地方.. 111
從換手率變化中發現投資機會.................................. 113
反敗為勝關鍵：善待自己的蟹貨................................ 115
投資大師蟹貨處理必殺技.................................... 116
積極採取補救措施，關注股票的基本面........................... 117
「拎得起放不抵」的人要注意.................................. 118
不要去估個底在那裡 而要時時警惕個頂係邊到..................... 120
彼得・林奇的刀仔法則...................................... 121
避險判斷大市頂部的方法.................................... 122
根據成交量的變化判斷...................................... 123
弱勢確立不宜搶反彈.. 125

目錄

善用技術指標..126
搶反彈鐵律..127
精選個股把握三大方向..129
選股要注重三性..130
合理運用資金，減少投資風險..132
選股要靈活多變..133
唔好只睇股價去「揀便宜貨」..134
股票賣了才大漲怎麼辦..136
總有90%的投資者會出現心理障礙..137
長線投資 vs 短線投機..138
贏錢時加倉 虧錢時減碼..140
兩類加碼方式你要知..141
金字塔買入方式..142
補倉的前提條件..143
補倉的基本方法..144
有新增資金積極關注的個股..145
絕不能補倉的形勢..146
技術指標不是萬能..148
技術分析和價值分析並不矛盾..149
技術分析精髓何在..151
後市不明朗時不貿然入市..153
巴菲特應對不明朗大市策..154

該放棄的股票一定要放棄......................................158
一種不平衡心理反應..159
輿論過於關注的股票你要放棄..................................160
要在第一時間糾正錯誤..162
沒有固定的規律博弈..163
如何察覺在投資中犯了錯誤？..................................164
切忌以賭搏的心態炒股..165
不要令自己陷入惡性循環......................................167
玩短炒 最忌染上布里丹效應...................................168
簡單三招破解布里丹效應......................................169
分紅派息前後買賣技巧..172
要密切關注與分紅派息有關的4個日期...........................173
除息前夕股價走勢..174
贏在學會戰勝恐懼..176
避開莊家的恐嚇..177
如何克服恐懼心理的影響......................................178
培養正面接受的能力..179
要樹立穩健靈活的投資風格....................................180
股神意識今天就要複製..182
教訓比經驗更重要..183
簡單比複雜更重要..185
耐心比膽大更重要..186

開始建倉入市時 要分批買入

不管你現在是新手或專家，剛剛開始炒股都應該有過這樣的經歷：虧小錢時割點肉容易，虧大錢時割肉就十分困難。這是人性的自然反應。在一項投資上虧太多的話，對你的自信心會受到極大的打擊。這就要求投資者在股票交易中，如果沒有確切的把握，不要一次買進，也不要滿倉操作，而最好是分段買入。這實際上是一種試探性的買入活動。

分段建倉實戰操作

國外有一位著名的股市投資專家，幾十年積累的經驗之一，就是每次只買入很少量的股票。這樣做的好處很多：如果買入的股票大幅上漲，對投資者來說肯定會增加一筆收入；如果買入的股票下跌得很厲害，由於買進的股票數量有限，不會蒙受巨大的損失；必要的時候，還可以用其他的資金在更低的價位上進行數額比較大的補償性買入，攤低購入股票的實際成本。

交易時多進行幾次試探性的買賣，雖然麻煩一點，但能有效地化解風險。一般來說，在股市實戰操作中，分次買入的好處主要體現在下面幾點：

1 勝算概率及保險系數提升

分次買入為的是防止輕易滿倉致損之後，產生強烈的失望情緒。滿倉的理由，無非是投資者看好股票的走勢形態，或者是衝著某種美好的展望和預期，但歸根到底，還是因為期望很大，決心要孤注一擲。有人說「希望越大，失望越大」，不會是沒有道理的。

為防止失落情緒的產生，即使是相當看好大市或個股的後市，也應當記住分次買入的警訓，少買一點，留有餘地，以防不測。就算是在確認自己的良性預期和估算的有效性之後，再加碼買進也尤為未晚；雖然成本有可能相應有所升高，但操作的有效性和勝算概率及保險系數卻得到了有效的提升。

2 可理智地進行止損

分次買入為的是在操作中能靈活機動，隨機組合，以趨利避害。在上升趨勢和主升通道不是很清晰、很明朗的背景下，滿倉操作、輕舉妄動，實屬操作中的大忌。在無趨勢的整理過程中，隨意進行滿倉操作，一旦發現情況有變，就會像背負著全部重裝甲的隊伍那樣，是很難急速掉頭回撤的。因為操作心態同倉位的輕重也有著十分密切的關係，倉位輕，發現情況有變，就能立刻理智地進行止損糾錯；而如果倉位重，則止損就非常困難。

3 針對不同走勢創造更多收益

分次買入目的是集中有限的資金和精力，打好有準備之戰，提高操作的針對性和有效性。分次買入並不是絕對地走上形而上學的教條主義歧路。

相對於機會大與機會小的比對與選擇而言，分次買入，第一次只買一點的操作策略只是針對那些機會少、利潤小的短線操作，如在熊市中搶反彈，或者是在牛市末期去趕頂，都只是快進快出地小打小鬧，而決不能當真將，其視作大機會來處置。這也就是要把有限的精力與資金，放在最能夠使自己創造更多收益的主升浪中。

分次買入才能使我們中小投資者有好的心態，有大的視野，更有較高收益。具體來說，分次買入可以這樣操作：你如果預備買10000股某隻股票，第一次別買10000股，先買2000股試試，看看股票的運行是否符合你的預想，然後再決定下一步怎麼做。如果不對，盡快止損。如果一切正常，再進4000股，結果又理想的話，買足10000股。建倉的時候不要一次買夠，分幾步走才能趕上更好的價位。沒人能預知下一秒鐘的價格，多給自己幾次機會才是明智之舉。

不虧本投資心法

買入股票，不要抱著一口吃成一個大胖子的心態，不到萬不得已，或沒有百分之百的把握，不要用光自己的資金。

炒股大忌
同時持有太多隻股票

同時持有超過10隻股票的風險

在同一時間內，持有太多唔同的股票是炒股的大忌。不過，這一大忌，好多散戶都往往忽視。特別是新股民，貪多求快，只要是認為好的股票，都想買入。結果，顧此失彼，使資金的使用效率大大降低。唔好講話炒股，生活化一點，用打邊爐做個比喻，你同一時間放太多東西去滾，結果只會顧此失彼，把部份食物煮得太熟，白白浪費。

筆者曾經有個朋友，他最高持股紀錄達31隻，而他的持股市值只有20萬。以20萬市值買入31隻股票，如果平均下來計算，每隻股票的市值還不到6500元，甚至對於一些高價股，連一手都買不到。

其實現在很多散戶手裡的股票都不少，雖然像這種有過30隻的比較罕見，但有十幾二十隻股票的投資者也多的是。總結起來，這些人一個主要心理還是害怕把資金都集中投到一兩隻股票上會有很大風險。筆者亦見過一位初哥，總共才7萬元的資金；卻買了十隻股票，天天是忙得眼花繚亂，但也天天幸福得像花兒一樣，為什麼？佢好彩，第一次買股票遇上大牛市，天天有股票漲得好！不過，一剎那的「扶碌」唔代表永恆，可正因為「仙女散花」似的，常常是看了這個，忽略了那個，不是錯過了最佳賣出時機，就是慌亂中將「黑馬」錯拋了。

大牛市過了之後，到了大跌市時，好不容易賣出了一隻股票，再回過來看其他股票，卻已一下跌去很多了。算一下總賬，贏減輸，花咁多時間和心機，原來他總共只賺了10%。

分散持股，對於大資金投資是一種可行的方法，卻不一定適合小資金，對於持有資金規模不大的散戶來講，即使想做分散投資，也不過同時持有三五隻股票就可以了。如果持有股票隻數過多，會對自己的投資造成很大的影響。如果你之前有跟開香港股神東尼的《天下的一倉》，成個倉幾百萬都係得十隻八隻股票。

分散了資金

中小散戶手中的資金本來就不多，再一分散在眾多股票上，手中可調動的資金就更少了。持股太多的股民常會遇到這樣的事：當看到某只股票已經跌無可跌，出現了抄底、搶反彈的機會時，但是手中沒有資金，白白錯失了機會。

降低了對風險的關注度

在股市的下跌市道中，大多數股票在走下降通道，只是下降速率不同。由於「多仔女」股民手中所持有的股票單個看起來數量不多，產生了傷害不大的錯覺，從而失去了止損機會，當引起警覺時，股價已被腰斬，到了無法止損的地步。

分散了精力

股市如戰場，需要集中精力，潛心研究股市和個股的基本面、技術面，研究征戰股市的戰略、戰術。中小散戶多半是業餘炒股，時間、精力有限，如果持股太多就沒有那麼多精力和能力去研究手中持有的眾多個股基本面、技術面，有的甚至對該股票的股本結構、經營範圍、每股收益都不清楚。

知己知彼才能百戰百勝，一無所知怎能取勝？如果能夠集中選擇幾隻不錯的股票建立組合，再進行長期持續關注，高拋低吸，應該是個人投資者一個很好的投資策略。投資者通過長期關注，首先會對該上市公司的基本面和升跌規律有個比較清晰的了解。

具體的股票組合建立有妙法

1 選擇不同行業或者不同基本面的股票3隻

這些股票一定要基本面不錯（便於下跌時防守），但股票特性差異較大（股本結構、地域色彩、行業狀況等）；同時在一個你認為合理的價位（入市的時候要參考相關的技術指標），陸續買入這些股票；建倉完畢後，仔細觀察這3隻股票的分時走勢以及隨大勢的表現。

② 採取鞭打快牛戰術

3隻股票中哪隻跑得最快，立即拋出，不要太貪婪，迅速將獲利資金轉移到3隻股票中漲速最慢的股票。在牛市行情中，基本面不錯的股票都會有表現機會，通常而言，經過幾個交易日，那隻漲得慢的股票同樣會啟動，而前期跑得最快的股票正在進行中繼調整。如此反覆，後續股票大漲後再拋出，將前期或許已經調整到位的「快牛」再抓住。如此這般，絕對會有很好的收益。

總之，作為散戶股民，重要的是選中幾隻質地不錯的股票，而不是撒網式的大面積出擊，分散精力和資金，從而弱化投資效益。而且，如果持有股票太多太分散，一旦出現下跌行情，想跑都不容易跑掉，結果可想而知。

不要把雞蛋只放進一個籃子裡是正確的，但如果放進的籃子太多，往往也會適得其反。因為人的精力是有限的，如果持有太多股票，就很難照顧周全。聰明的股民會選擇兩三隻績優股，建立組合，好好看管，穩定生財。

不虧本投資心法

同時持有太多隻股票的結局往往是顧此失彼，賠多賺少。

一定要嚴格控制你的股票倉位

什麼是倉位？倉位是什麼意思？倉位是指投資人實有投資資金和實際投資的比例。舉個例說，如你有10萬元打算用於投資股票，若現用了4萬元買股票，你的倉位便是40%。如你All-in全買了股票，那你就滿倉了；換句話說，如你把全部股票贖回，你就空倉了。

弱市倉位操控策略

一般來說，平時倉位都應該保持在半倉狀態，就是說，留有後備軍，以防不測。只有在市場非常好的時候，可以短時間的滿倉。能根據市場的變化來控制自己的倉位，是炒股非常重要的一個能力，如果不會控制倉位，就像打仗沒有後備部隊一樣，會很被動。嚴格控制倉位是投資者資金管理中最重要的一環，也是要嚴格遵守的紀律。特別是在弱市中，投資者只有重視和提高自己的倉位控制水平，才能有效控制風險，防止虧損的進一步擴大，並且爭取把握時機反敗為勝。倉位控制得好壞將會直接影響到投資者的幾個重要方面：

1. 倉位控制得好壞決定了投資者能否從股市中長期穩定地獲利。
2. 倉位控制將影響到投資者的風險控制能力。
3. 倉位的輕重還會影響到投資者的心態，較重的倉位會使人憂慮焦躁。
4. 最為重要的是倉位會影響投資者對市場的態度，從而使其分析判斷容易出現偏差。

倉位控制如此重要，可是很多投資者，特別是中小投資者卻往往在這一方面出現問題。簡單來說，投資者在倉位控制方面容易出現以下三個問題：

第一

很多投資者在確定好股票後，往往一口氣滿倉殺人。這種做法其實帶有很大的賭博性，一旦出現始料不及的狀況其損失是不言而喻的。

第二

部分投資者也知道留有一部分現金很靈活，但是在操作過程中不斷補倉，越補越套，最後變成了滿倉。其原因在於，沒有一個良好的資金管理計劃。在不同市道中，如果事先已經確定好了現金與股票的比例，就應當嚴格按照計劃執行。

第三

部分投資者能夠做到現金與股票的合理配置，但往往在品種搭配上出現一些問題。例如過於集中在某一個板塊，從而增加投資風險。通常而言，在牛市中，因為大勢上漲，只要買到差不多的股票都會賺錢，倉位控制比較簡單。而在熊市中，市況比較複雜，倉位控制的技巧就顯得尤為重要。

把握好持倉比例

在熊市中要對持倉的比例做適當降價，特別是一些倉位較重的甚至是滿倉的投資者，要把握住大市下跌途中的短暫反彈機會，將一些淺套的個股適當清倉賣出。因為，在大市連續性的破位下跌中，倉位過重的投資者，其資產淨值損失必將大於倉位較輕的投資者。

股市的非理性暴跌也會對滿倉的投資者構成強大的心理壓力，進而影響到其實際的操作。而且熊市中不確定因素比較多，在大盤發展趨勢未明顯轉好前也不適宜滿倉或重倉操作。所以，對於部分淺套而且後市上升空間不大的個股，要果斷斬倉，不要猶豫。只有保持充足的後備資金，才能在熊市中應變自如，而且當牛市來臨時才能賺大錢。

配置好倉位結構

熊市中非理性的連續性破位暴跌恰是調整倉位結構、留強去弱的有利時機，可以將一些股性不活躍、盤子較大、缺乏題材和想象空間的個股逢高拋出，選擇一些有主力建倉，未來有可能演化成主流的板塊和領頭羊的個股逢低吸納。千萬不要忽視這種操作方式，它將是決定投資者未來能否反敗為勝或跑贏大勢的關鍵因素。

掌握好分倉程度

雖然熊市行情疲軟，大市和個股常常會表演「低臺跳水」，但是，投資者不要被股市這種令人恐慌的外表嚇倒，應依據當前的股市行情，前期曾經順利逃頂和止損的空倉投資者要敢於主動逢低買入。但是要把握好倉位控制中的分倉技巧：

1 根據資金實力的大小，資金多的可以適當分散投資，資金少的可採用集中投資操作，如果只有少量資金而分散操作，容易因為固定交易成本的因素造成交易費成本的提高。

2 當大盤在熊市末期，大盤止跌企穩，並出現趨勢轉好跡象時，對於戰略補倉或鏟底型的買入操作，可以適當分散投資，分散在若干個未來最有可能演化成熱點的板塊中選股買入。

3 根據選股的思路，如果是從投資價值方面選股，屬於長期的戰略性建倉的買入，可以運用分散投資策略。如果僅是從投機角度選股，用於短線的波段操作，不能採用分散投資策略，必須採用集中兵力、各個擊破的策略，每次波段操作，僅認真做好一隻股票。

炒股僅僅依靠選股和研判大勢遠遠不夠，還要重視倉位的控制技巧。倉位既影響投資心態，也決定投資效果，是實際操作中關鍵的一環。所以，投資者一定要將倉位控制作為重要的操作紀律來遵守。

不虧本投資心法

永遠保持你的賬戶上有40%的現金，那是你應付突如其來的暴跌時唯一的彈藥。

記住！永遠只用閒錢炒股

年長一輩總相信只要肯捱肯拚，總有出頭天；但時代變遷，薪金儲蓄趕不上樓價升幅，不少正值拚搏期的年輕人把希望轉移至「搵快錢」的投機炒賣上。有拼搏精神當然是好事；但股票是一種風險很大的投資選擇，遺憾的是，很多投資者沒有深刻地意識到這一點。他們把股市當成了搖錢樹，為了牟取暴利，常常會一次投入自己的全部資金，有的人甚至不惜鋌而走險，借錢炒股，這顯然是非常不理智的行為。

不要過分高估自己的能力

你聽過股票都可做按揭未？這有別於月供股票，投資者看準低位，然後向證券行付三成首期，便可買進一整手以上股票，借入的七成資金則攤分一年償還，令一手隨時達10萬元的藍籌股門檻大大降低，投資者同時可捕捉最大潛在升幅。若預期股息率高於按揭利率，股息更可補貼利息支出。聽起來好似百利而無一害；但要借錢來投資，你要面對的風險，就不只單單是股票市場的風險。

把自己的錢全部投入股市風險極大，它有時甚至可能把投資者推向絕境，這絕不是危言聳聽。這裡舉一個真實例子，事主是一名剛出來社會工作的青少年，因受身邊人「股市錢易賺」影響，縱然入息不高，卻在早前股市暢旺時冒風險向銀行借貸買入大量股票圖利，結果兩個月不夠，股市下調，該青少年損失慘重，欠下數十萬元債項，因擔心無力償還致被迫令破產，失去自由及前途，心理承受極大壓力，終向關心一線求助。

不少青少年對股票根本認識不深，單看報紙或聽取朋友提供的「心水號碼」便重注投資，他們所抱的並非投資心態，只是求「搏」賺快錢，部分青年的家人更一起有股「齊齊炒」，分多張支票抽新股，導致青少年存有不良的投資意識。

香港某大學通識研究小組在海嘯期間訪問了203名過去一年曾買賣股票及衍生工具的人士。調查發現，有多達12%大學生股民「All-in」炒股，過去一年用了超過85%手頭資金購買股票；而學生股民當中18%甚至借貸入市，比率高於一般公眾，反映大學生炒股「狼過」普羅市民。訪問當中，有學生坐過「過山車」，在股市中最高試過獲利26萬元；可是最後又險遭破產收場。

一宗一宗因為炒股而破產、甚至自殺的新聞經常出現於報章。炒股是正當投資，但過分投機便會形成病態，尤其青少年必須做足工夫，搜集足夠資料，不要過分高估自己的能力。

對於股民來說，雖然都知道「股市有風險，入市須謹慎」的忠告，但是在實際操作中，往往容易被利益和情緒沖昏了頭。由此可見，作為一個有理智的投資者，一定不能急功近利，投入自己的全部，或把急需要用的錢(如生活費、醫藥費、孩子的學費)和將來派大用處的錢(如養老、買樓的錢)拿來炒股。能炒股的錢必須是閒錢，也就是說，不是急著用的錢。

令人再三回味的方程式

一般來說，用閒錢來投資的人會比借錢，或者用其他很重要款項炒股的人心態要平和得多。遺憾的是很多人尤其是一些新股民不明白這個道理，他們當中有的人把股市當成了賭場，抱著賭一把的心態來做股票，恨不能把家裡所有的錢都拿來做賭注；

有的人把股市當成集市，抱著別處的生意難做而股市裡的生意容易做的心態；有的人把自己的退休金、私房錢都集聚起來當本錢，為的是每天能賺上幾元菜錢。但事情的結果往往與這些投資者的願望相反，這些心態不正常的人，往往面臨的風險更大，因為他們在炒股之前，根本或者很少想到自己會賠錢，一旦被套後，不忍心止損，往往賠得更慘。

借錢炒股看似是投資性借貸，但實質是投機性借貸：借錢來搏一搏，與借錢賭博是無甚分別。有位尊敬的股壇前輩一句話讓我再三回味：「再長一串讓人動心的數額乘上一個零，結果也只能是零。」看到這裡，讓我覺得借錢投資縱然賺了錢，也不值得恭喜。福兮禍所倚，賺了錢的自覺是箇中高手，越炒越狠，直至一敗塗地，這些個案屢見不鮮。

所以，股票投資者一定要牢記：第一，不要借錢炒股；第二，只用自己的一部分錢炒股，把股票投資的風險降到最低，不影響你的正常生活。作為一個理性的投資者，在介入股市時，一定要堅守不借錢炒股的紀律。

不虧本投資心法

傾囊而出甚至借貸炒股，弄不好會要了你的命。

只炒自己熟悉的股票

在投資的過程中，選擇好股票是降低風險、增加盈利的重要一步。但是選股票是一項非常複雜的技巧，不是一時半會就能選出一隻好股票，而選擇自己最熟悉的股票，則可以降低時間成本和風險成本，無疑是一種好的選擇。人們在生活、工作中有一條經驗：對自己熟悉的事情，做起來就會得心應手，效率也會很高；而對於自己陌生的事情，則要費事得多，往往會以失敗而告終，而且中間還伴隨著種種坎坷。

投資大師最好的選股工具
眼睛、耳朵和常識

有關熟能生巧的成語故事都應該聽過。陳堯咨善射，他在訓練場上練習射箭，箭箭全中靶心，大家都稱贊他的技藝，他感到非常驕傲。但是有一個賣油的老漢卻只是淡淡地點點頭。於是，他將老頭叫過來，問道：「你也懂射箭嗎？我的技術難道不高明嗎？」

賣油的老漢沒有回答，他把一個葫蘆放在地上，接著把一枚有孔銅錢放在葫蘆口，然後從他的大油壺裡舀起一勺油，從高處往葫蘆裡倒。只見那油就像一條線一樣從銅錢中間的小洞裡滴下去，一滴都沒有落在外邊。圍觀者都驚呆了；而這個賣油的老漢卻說：「其實我也沒什麼大不了的，只不過是天天練習，熟能生巧而已。」我們再看那些在熊市裡賺錢的投資者，他們成功的原因之一也是因為對股票很熟悉。

經濟學家正在努力尋找使投資者賺錢的投資理論，專業機構的投資人也在努力尋找成功的投資哲學。然而任何一種成功的投資理論與投資哲學都離不開投資的微觀基礎，我們需要選擇自己熟悉的股票做投資對象，這就是成功投資人與失敗投資人投資理念差別的分野。

其實無論「集中投資」還是「分散投資」，背後都有一大群失敗的投資人，也有一小撮成功者。無論是集中投資少數幾隻股票，還是分散投資大量的股票，成功的投資都有一個共同點，那就是投資自己熟悉的股票。

那些投資大師，如彼得・林奇、沃倫・巴菲特等都堅持做自己熟悉的股票。彼得・林奇認為，購買自己不熟悉甚至一無所知的企業股票是非常危險的。他的投資理念是，最好的選股工具是我們的眼睛、耳朵和常識。

我們可以通過看電視，閱讀報紙雜誌，或者收聽廣播得出第一手分析資料，我們身邊就存在各種上市公司提供的產品和服務，如果這些產品和服務能夠吸引你，那麼提供它們的上市公司也會進入你的視野。對於大多數沒有行業背景的個人投資者而言，最容易熟悉的股票就是那些消費類或與之相關的上市公司股票。

彼得・林奇認為，對公司越熟悉，就能更好地理解其經營情況和所處的競爭環境，找到一個能夠實現好業績公司的概率就越大。因此他強烈提倡投資於自己所熟悉的，或者其產品和服務自己能夠理解的公司。他認為，投資過程中，要將投資者作為一個消費者、業餘愛好者以及專業人士的三方面知識很好地平衡結合起來。

彼得・林奇不投資網絡科技股就體現出其「不投資不熟悉的股票」的理念。1995-1999年是一次史無前例的牛市，指數上漲一倍，連續5年股票的回報率都在20%以上。這次大牛市中，人們對網絡股等高科技企業的狂熱是最大的推動力。但是，在人們的狂熱中，彼得・林奇卻再次宣稱自己是技術厭惡者：「一直以來，我都是技術厭惡者。我個人的經驗表明，只有那些不盲目追趕潮流的人才能成為成功的投資者。事實上，我所知道的大多數有名的投資人都是技術厭惡者。他們從來不會買入那些自己不了解其業務情況的公司股票，我也同樣如此。」

還有巴菲特，也秉持「不熟不做」的投資理念，他就是採用這種方法的成功範例。網絡科技股瘋狂上漲的時候，他由於自己對其不是很了解，也沒有買入這種股票。結果在網絡科技股泡沫破裂的時候，他躲過了一劫。巴菲特在幼年時曾經賣過報紙，對報紙及其所屬的新聞領域比較熟悉，所以，他就投資於華盛頓郵報；他非常喜歡喝可口可樂，對可口可樂公司很了解，所以購買了可口可樂的股票。這種投資於自己熟悉公司股票的做法，使得他獲得了巨大的成功。

一般投資朋友，在股票投資上最大的困惱，不外乎兩點：(1)無法清楚分辨一家公司的好壞；(2)無法確切計算一家公司股價的好壞。因此，反映在股票的決策中，常常會將「投機」與「投資」的定義混淆。

當一個投資人無法分辨好公司，與計算好價格時，就貿然進入充滿陷阱與誘惑的股票市場中，就好比一個人手裡捧著大把的鈔票，到商場上買東西，不看東西的好壞，不比較價格的高低，就大肆採購，自然會成為不肖商人眼中的大肥羊。

其實，因為熟悉，對於公司基本面分析的偏頗概率就會很小，那麼就可以把精力放在技術分析和股性特點上，這樣，就能清楚地知道什麼時候是處在高位應該賣出，什麼時候是處在低位應該買進，就可以避免盲目性。因此，在選股時，要盡量選擇自己最熟悉的股票。在自己最熟悉的市場環境投資自己最熟悉的股票，這是最容易獲利的方法，因為熟能生巧。

不虧本投資心法

不熟不做。只有自己熟悉了解的股票才會更有把握賺錢。

股神生存法則

保本第一永遠不要虧損本金

股神巴菲特曾經說：「第一條，保住你的本金；第二條，保住你的本金；第三條，記住前兩條。」本金是種子，沒有種子便無法播種，更無法收獲。在投資市場上，保住本金比賺錢更重要。可以說，股票投資前最應該先考慮的就是如何不虧損，保住本金，然後考慮如何盈利。如果本金沒有了，那賺錢只能是空談。投資，資本是最重要的，絕對不能冒過大的風險，無論如何都要保本為先，這是投資的大原則。

索羅斯三條股市生存法則

聚集資本是很困難的，甚至可能是千辛萬苦，花上半生時間才賺回來，經歷多次投資險勝後才得到的。若投資太主觀從事，只走高風險路線，沒有有效的保本措施，最後就可能真的血本無歸了。

任何一場戰爭，要獲得勝利都得靠實力。實力強的，勝算便大。如果將投資市場比作戰場，那麼，資金就是投資者的實力，實力越強，可能的收獲也會越大。通常說來，只要投資得法，投資的收獲和本錢成正比，投資同一個項目，以同樣的方式投資，當然是資本越大，收獲也越多。所以，資金多寡對於投資的成敗得失影響很大。有時候，投資者不是看不準，而是本金有限，虧不起。如果本金充足，則完全可以獲得高額收益。

在投資市場，那些成功者幾乎都是把保本作為第一原則。例如股神巴菲特，他最重要的投資原則就是「保住本金」。大師心裡的那本賬，其實普通投資者也能算得清楚，如果你損失了投資資本的50%，必須將你的資金翻倍才能回到最初起點。如果你設定年平均投資回報率是12%，要花6年時間才能復原。可見，賠錢很容易，而賺錢卻很難。

當然，保住本金並不意味著在投資市場上畏手畏尾，而是穩步地進行風險管理。

作為一位市場生存大師，索羅斯的父親教給他三條直到今天還在指引他的生存法則：「冒險不算什麼；在冒險的時候，不要拿全部家當下注；做好及時撤退的準備。」

1987年，索羅斯判斷日本股市即將崩潰，於是他掌握的量子基金在東京做空，在紐約買入標準普爾期指合約，準備大賺。但在當年10月19日的「黑色星期一」，道指創紀錄下跌了22.6%，日本政府也支撐住了東京市場。

索羅斯遭遇兩線潰敗時沒有猶豫，他嚴格遵循自己的第三條風險管理法則，全線撤退，以低於自己報價10%的價格賣出了所有期指合約，賠光了全年利潤，但保住了本。他比別人更清楚：保本是底線，保住本就有可能再贏。

投資者進入股市，希望的是有較好的收益，使資產更快地增值。可以說，增值成為大眾投資者進入股市最主要的原因，許多人把投資股市追求增值當成首要目標。他們要的是高回報、高收益。

不要先想能賺多少錢

投資者根據不同的目的進入這個市場，所有的追求都不為過，但是，在這個本來風險就很高的市場上，為追求無限的增值而不能保本的情況相當普遍，這樣的例子不勝枚舉。

所以，廣大股民炒股不要先想到能賺多少錢，而應當首先想到如何保本，如何才能保住本金。也就是必須實行嚴格的風險控制，以鐵的紀律來保証資金安全。在確保保本的基礎上，再想著要賺錢，怎樣更快、更多地賺錢。

「留得青山在，那怕冇柴燒」的道理人人都懂，然而真正能在賠錢時勇敢割肉的投資者卻寥寥無幾。當市場張開血盆大口時，永遠都不會給你第二次選擇的機會。在投資前設定止損線、嚴格遵守炒股紀律、將風險控制在可以控制的範圍、永遠保住本金是每一個股市投資者需要謹記的。

草率的投資決策，結果就會出現一檔股票賺個5%、10%就想跑，但如果賠了50%、60%卻抱牢牢的情況；而這種「小賺大賠」模式，確實也是一直存在在許多投資朋友的操作習性中。冒險也許能給你帶來激動人心的成功，但也可能使你跌入再也爬不出來的深淵。所以，投資最要緊的是保住資本。保住資本，才有東山再起的可能。

不虧本投資心法

股市風險和收益成正比。應把本金安全放在首位。投資大師巴菲特說：投資股市第一是安全；第二還是安全；第三是牢記前兩條。

千祈唔好輕易相信「真係見底」的說法

股票市場上，有些人往往可以在幾分鐘的時間內，決定數萬甚至數十萬的投資決定，而這個決定的來源，可能僅是看了一段股市名嘴為了提高電視收視率而強打的行銷台詞。在股市下跌趨勢形成後，每當出現一次暴跌後，我們總會聽到一些人說「股市下跌空間有限，現在已屬於最後一跌」。其實，這是弱市中具有做多傾向的投資者或股評家一種自欺欺人的說法。誠然，冬天過後春天肯定會到來，但冬天有多長，春天何時來臨是不確定的。

怎樣可以大大降低輸錢的概率？

熊市裡一個經典的理論，就是底下面還有底。關於這一理論流傳著一段精彩的話：地板下面有地下室，地下室下面有地洞，地洞下面有地殼，地殼下面有地核，地核下面還有地獄，而地獄還有18層。這也許是對「最後一跌」最大的諷刺。

因此，每遇股市冬天，如何保護自己不受嚴寒的傷害而熬到春天降臨的日子，才是股市成功者的生存之道。這就要求我們在確認趨勢已真正逆轉之前，對「最後一跌」之類的判斷，特別是抄底之舉抱非常慎重的態度。

股市高位見頂，在跌了10%或12%、15%後，就會有人不負責任地說，現在股市已經是最後一跌，大家可以抄底買進，特別是當股市下跌出現階段性反彈時，看到什麼「三連陽」，或一根大陽蠋，就會令不少輿論樂觀地認為春天已提早來臨或已經不遠，直至後來的一根長陰及其後持續縮量陰跌才使人們知道原來嚴冬並未完全過去，可能還有一段很長的路要走。

實際上，就是由於弱市中「最後一跌」的濫用，才會出現一層又一層的套牢盤，以致那些缺少股市實際操作經驗的投資者因為輕信「最後一跌」的說法，被一次又一次地深度套牢。

那麼，對於投資者來說，該如何來避免受「最後一跌」的誤導和傷害呢？最有效的辦法是；與其抄可怕「最後一跌」的底不斷輸錢，不如在股市見底後慢二拍等到上升趨勢時再買進，後者可能沒有抄到「底」，但輸錢的概率大大降低了。這也就是說，在股市下跌趨勢沒有改變之前，投資者應一直觀望按兵不動，不搶反彈，不抄底，只有等到股市上升趨勢形成後再跟著做多。

這種操作方法，對底部信號敏感且又有豐富的股市操作經驗的人來說可能不管用，因為他們可能領先一步，在股市形成上升趨勢之前就已經搶到了不少底部籌碼。但對大多數投資者而言，這個方法是保存實力避免深度套牢而又能贏得一定利潤的較穩妥操作方法。

當然，投資者可以通過對市場的深入分析，把握真正「最後一跌」的特徵，以抓住投資的良好機會。「最後一跌」的特徵一般表現在7個方面：

1 市場人氣特徵

在形成最後一跌前，由於股市長時間的下跌，會在市場中形成沉重的套牢盤，人氣也在不斷被套中被消耗殆盡，往往是在市場人氣極度低迷的時刻，恰恰也是離股市真正的低點已經為時不遠。

2 量能的特徵

如果股指繼續下跌，而成交量在創出地量後開始緩慢地溫和放量，成交量與股指之間形成明顯的底背離走勢時，才能說明量能調整到位。而且，有時候，越是出現低位放量砸盤走勢，越是意味著短線大市變方向在即，也更加說明股指即將完成最後一跌。

3 指標背離的特徵

指標背離特徵需要綜合研判，如果僅是其中一兩種指標發生底背離還不能說明大市一定處於最後一跌中。但如果是多個指標在同一時期中在月線、周線、日線上同時發生背離，那麼，這時大市往往極有可能是在完成最後的一跌。

4 下跌幅度特徵

在弱市中，很難從調整的幅度方面確認股市的最後一跌，股市諺語：「熊市不言底」，是有一定客觀依據的，這時候，需要結合技術分析的手段來確認大市是否屬於最後一跌。

5 走勢形態特徵

形成最後一跌期間，股指的技術形態會出現破位加速下跌，各種各樣的技術底、市場底、政策底，以及支撐位和關口，都顯得弱不禁風，稍作抵抗便紛紛兵敗如山倒。

6 個股表現的特徵

當龍頭股也開始破位下跌，或者是受到投資者普遍看好的股票紛紛跳水殺跌時，常常會給投資者造成沉重的心理壓力，促使投資者普遍轉為看空後市，從而完成大市的最後一跌。

7 政策面特徵

這是大市成就最後一跌的最關鍵因素，其中主要包括兩方面：一方面指對一些長期困擾股市發展的深層次問題，能夠得到政策面明朗化支持；另一方面是指在行情發展方面能夠得到政策面的積極配合。市場「最後一跌」的7個特徵不要單獨使用，而要幾個特徵綜合起來分析，這樣得出的結論才會比較準確。市場的底部不是研判出來的，而是市場認可以後慢慢走出來的。所以，不要輕易預測底部，不要輕易相信「真係見底」的說法。

不虧本投資心法

股市的「最後一跌」往往會在人意想不到的時候到來。那些人人都認為的最後一跌則是套牢投資者的「繩索」。

逆向思維炒股法

在別人貪心時保守
在別人保守時貪心

有一個人，他是你父母生的，卻不是你的兄弟姐妹，他是誰？一位老太太上了巴士，為什麼沒人讓座？看到這些熟悉的腦筋急轉彎，你一定來了精神。反常規，不走尋常路，這些讓你哈哈一笑的腦筋急轉彎，就是逆向思維最常見的表現形式。逆向思維也叫求異思維，當大家都朝著一個固定的思維方向思考問題時，而你卻獨自朝相反的方向思索，「反其道而思之」，這樣的思維方式就叫逆向思維。炒股，你也要學會逆向思維。

一起啟動炒股逆向思維吧

夫妻兩人帶著一個5歲的孩子去租房子，他們敲開了房東的大門，沒想到房東說公寓不招有孩子的住戶。於是，他們默默地走開了。那5歲的孩子，卻又跑回去敲房東的大門：「老爺爺，這個房子我租了。我沒有孩子，我只帶來兩個大人。」房東聽了之後，高聲笑了起來，決定把房子租給他們。

海嘯時的股市就像過山車，大市反覆震蕩。某證券公司的散戶股民幾乎人人賠錢；不過有個在停車場閘口看收費的阿叔卻賺了個缽盈盆滿，於是大家紛紛向他討教炒股秘方。他說：「門口的靚車就是我炒股的風向標，靚車少、股市蕭條的時候我就買藍籌，靚車多、人人都搶著買股票的時候我就清倉。」別人貪婪時你恐懼，別人恐懼時你貪婪。這位阿叔不知不覺中居然運用了投資大師巴菲特的逆向思維。

運用逆向思維去思考和處理問題，實際上就是以「出奇」去達到「制勝」。5歲的孩子成功地解決了大人們的難題，停車場的阿叔無意中卻實踐了大師的名言。孩子天馬行空、異想天開，老太太簡單直接、不畫框框，而我們身處信息爆炸時代，腦子中的規則框框又實在太多，這都限制了我們的逆向思維。想炒股有錢賺，從現在起啟動炒股逆向思維吧。

逆向思維可以判斷股市行情

股市的歷史一直表明，大多數人的期待往往是錯誤的。也就是說，展市往往逆大多數人的意願而行。所以，在股市中要有逆向思維，要有自己的主見。為什麼股市常常會逆大多數人的意願而行呢？股市的運行、漲跌是和人心、人氣以及由此帶來的資金進出等緊密相關的。股市看漲的人多，資金就流入得多，股市就一漲再漲。相反，大家情緒低落，你看跌我比你更看跌，股市就會一路下滑。

雖然從宏觀上來說，股市的走勢應該和國民經濟的走勢相一致的，但從一定的階段來說，股市的走勢並不和國民經濟的走勢相一致，這是由投資者當時的情緒等因素決定的。而情緒和看法都遵循著物極必反的規律，就是情緒高漲帶來股市的大漲，但過於高漲又會轉向低落，股市下跌；情緒低落得久了，股市跌得太狠了，情緒又會高漲，股市又會上漲，這就造成了漲久必跌、跌久必漲的規律。

運用這種逆向思維我們就可以判斷股市行情。成交稀疏，人氣極度低迷，有可能就是股市的階段性大底；成交量高，人氣旺盛，有可能就是階段性高點。我們不要看股票價格的漲漲跌跌，只要看人，就行了。

最佳的買入時機，是証券公司人員稀少，你周圍的朋友要麼離場，要麼深度套牢，要麼凄慘割肉，再也不玩股票的時候。每當這個時候，沒有人敢於買入股票，因為買入就會套牢，已經看不到絲毫的希望。這個時候，你要站在大多數人對面，勇敢地買入並堅決持有，因為這個時間才是你買股票的時候。

你都可以做個逆向思維高僧贏大錢

什麼時間賣股票呢？當市場人氣高昂，周圍朋友都賺錢，証券公司開戶都排不上隊，人群洶湧，你勸告朋友要離場，但無人理睬你，這個時間，就是你賣股票的時候，離場不再做了。

和尚買股票的故事相信很多人都聽說過。有一得道高僧在人人都瘋狂拋售股票時，以「我不入地獄誰人地獄」的心態去接手，不料峰回路轉，高僧買的股票在谷底反彈，獲利頗豐；而當人人瘋狂買入股票時，高僧又大發善心：我賣了吧，要不別人買不上了。但最終高僧頂部逃生，眾人卻皆被套牢。最後，高僧看著大眾的虧損而自己贏利的結局，而無奈地吟誦：「罪過，罪過。」

其實，和尚買股票就是一個逆向投資的典範。在實際投資過程中，逆市而動，拋開一些舊思維，規避盲目跟風的「羊群心理」，才會避免損失，提高收益。如果跟著大多數投資者走，往往會成為虧損一族。

由此可見，要想賺錢，就一定要學會逆向思維，像巴菲特一樣，「在別人貪婪的時候恐懼，而在別人恐懼的時候貪婪。」在股市上，多空雙方的博弈不只是在投資層面、技術層面上，更多是在心理層面上。大部分的投資者在關鍵時候的決策都是錯誤的，所以只有反其道而行之才是正道。

人的本性是從眾的。人的情緒是最流行的傳染病，喜怒哀樂都容易受到別人的影響。雖然我們都知道經濟跟股市沒有持續的相關性，但是經濟向下時我們總傾向於認為股市會永遠向下。

真正的逆向投資，是在我們學習訓練了對人性的壓制之後，能不受到外界無意識的影響而做獨立的判斷。不過，逆向投資是痛苦的。逆向思維代表著你要與眾不同，在你沒成功之前你與眾不同那叫「異」。也許你有一天人們會用「遠見」「卓爾不群」來形容你，但在那之前，你就是「異」。大多數人承受不了「社會一致性傾向」帶來的壓力而回到其樂融融的「群體」中去。

不虧本投資心法

在股市上，賺錢的人永遠是少數。所以，一定要有逆向思維，不能跟著大多數人走。

寧可暫時錯過 不要永遠做錯

害怕錯過機會的心理在股票市場上非常普遍。這種急於求成的心理往往成為投資失敗的根源。人最想得到時，他多半會失望的。在投機中一個害怕失去機會的人，就會錯過機會。人性往往這樣，太專注於害怕失去機會，就會忽略或不清楚自己需要怎樣的機會，這時他處於期待狀態中，而不是思考狀態，故不知道或忘記了自己等待的是怎樣的機會，沒有使自己處於一種局外觀望狀態，會淪為空忙。

錯誤的選擇往往導致錯誤的操作

這就是人們常說的急功近利，欲速則不達。一位真正的投資者應該知道按照自己的想法判斷來採取行動，而不是按照期待採取行動。如果投資者不能控制自己的這種「害怕錯過」的心理，就容易出現不該買的買了、不該賣的卻賣了的投資失誤。大部份的人其實可以不被套牢，也可以損失更少，但往往因為一時的情緒化：害怕、貪婪或莫名的期望，而做出錯誤的決擇。

不該買的買了，指的是投資者在害怕踏空的心理狀態下，在大市或個股上升空間本不明顯、可買可不買的市況狀態下，輕易出手了。可事後証明，這種錯誤的選擇往往導致錯誤的操作，要麼使買入股票套牢在階段性甚至是趨勢性的頂部，而承受巨大的風險；要麼使買入時機選擇在大市或個股發生橫行之初而白白花了時間成本。

不該賣的賣了，指的是投資者在害怕套牢的心理狀態下，在大市或個股下跌空間本不明顯、可賣可不賣的市況狀態下，輕易出手了。而事後証明，這種錯誤的選擇也往往會導致錯誤的操作，只是方向相反而已。結果主要表現為：要麼使賣出時在大市或個股橫行之末期、上升之初期而有可能錯失今後的上升盈利空間，要麼是賣出行為踏空在階段性甚至是趨勢性的底部而錯失了底部持倉甚至是抄底的大機遇。

不該買的買了，而不該賣的賣了，都証明因害怕錯過的心理而草率作出決定的行為常常會導致做錯而招致損失的惡果，這顯示出在今後具體操作中，需要提防與克服這種失誤操作心理及行為的必要性。在股票市場，中小投資者害怕錯過反而導致損失的教訓比比皆是。

休息是為了走更長的路途

如果遇上炒股盈利的把握性不大或國家宏觀政策趨緊，就應準備休息一段時間。股市行情的演變像農業生產，都有農閑淡季，可以有充足的休息時間。能夠休息，正是股民炒股的優越性所在，股民應該好好珍惜，趁著行情調整帶來的空檔，也調整一下自己的心情，放鬆一下自己的神經。

學會休息意味著停止交易。說股市的交易機會很多固然沒錯，但並不是每一個交易機會都值得參與，在熊市或調整階段，參與反而很難盈利，所以，在股市淡季，對大多數中小股民來說，停止交易，學會休息是上佳選擇。

其實，面對隱含巨大不確定因素甚至是風險的、貌似機遇的小機會，大可不必有害怕「過了這個村便沒了那個店」的心理。

在股票市場上，賺錢的機會天天都有，但首要的問題是要掌握風險損益比的尺度，損益比高，這樣的機會不抓，不做也罷。選的、做的就是那些既能保值、又能增值的損益比較低的投資機會。

一生人只需要幾次正確的投資

「寧可錯過，不可做錯」，需要投資者獨具慧眼，計劃周詳地審慎比對、抉擇，而不要把交易性差的每一次機會都不分青紅皂白地抓在手裡。這樣，確保穩健獲益的保險系數才能調適到一個理想的位置，才不會輕易遭受損失。

股票市場上投資機會多的是，不要害怕錯過機會，正如巴菲特所說，只需要幾次正確的投資就足以讓你富有一生。而如果急於求成，作出錯誤選擇，則會使你慘遭重創。總而言之，投資人千萬不要因為羨慕別人在股市中賺錢賺得既快又容易，而不做任何準備功夫，便匆匆跳入股市，如此可能使你不自知地陷入套牢的困境。

不虧本投資心法

股市中最重要的是首先考慮風險，後考慮賺錢。風險來自你不知道自己在做些什麼；股市像上帝一樣，會幫助自助的人，但和上帝不同的是，它絕不會寬恕那些不懂自己在做什麼的人。

不要太天真 同時追求低買高賣

低買高賣，這是股票投資最基本的操作原則。但是，有些投資者卻片面理解低買高賣的含義，認為低買就是要最低價買入，高賣就一定要最高價賣出，其實這在實際操作過程中是很難做到的。如果過於強求，則反受其害。許多投資者因為一心想最低價買入，結果錯過了買進股票的時機而眼睜睜看著股票上漲而懊悔莫及；也有許多投資者因為一心想要賣個最高價，本來已經獲利不少了，但還是捨不得賣出，結果股市走熊後高位套牢，以前賺取的賬面利潤全部化為烏有。

每一個投資高手都有元素

股市中大致有三類投資者：一是踏準節奏、低買高賣，這是股市裡最大的贏家，但難度較大，普通投資者很難做到；二是耐心持有、從一而終，雖不能確保短線收益的最大化，但卻能有效回避各種意外風險；三是在採取後者方式操作的同時，再輔以「高賣低買」操作，就會在「有限虧損」的同時進一步放大盈利。

不過，股市詭秘多變，人的認識能力又受著各種因素的制約，因而股市在何時何處出現最低價，何時何處出現最高價，事先是難以準確判斷的，況且什麼價格才算低價，什麼價格才算高價，也很難界定。因此，即使是股票投資大師，也只能認定股市大的趨勢，盡量做到低買高賣。如果一味地企圖每次都是最低價買進，最高價賣出，則簡直是難上加難，況且風險極大。

從股票買入方面來看，許多投資者總想以最低價購買股票，以致在股價跌幅已深的情況下，心理還抱著等再跌一跌再買的想法，結果在他還兩手空空的時候，行情已經見底回升；行情剛剛啟動時，本應大膽跟進建倉，而這時他又想著等股價再回到原先的低價位上再去買，結果是眼睜睜地看著股價上漲，失去了賺錢的大好機會。

相反，總想賣到最高價的人，看到股價不斷創出新高，被市場的樂觀情緒沖昏了頭腦，沒有果斷而及時地賣出。

當股價從最高價位下跌時，他們心裡又抱著這只是回擋，還會繼續上漲的想法，想在股價漲至原來的高價時出手，但股價卻越來越低，使手中的股票由賺變賠，由小賠變大賠。

實際上，股票買賣很難做到盡善盡美。如果有人把股票賣在了股價的最高點，那也是偶然，不能稱之為技術。企圖賣在最高點，是靠技術無法實現的一種願望，是一種投資理念不成熟的表現。

股市中的投資高手們都懂得在獲利後「止賺」。他們哪怕是預測到了股票的最高點，也不會把股票留到最高點。而普通投資者往往只要看對了行情的趨勢，選中了合適的股票，股價高了還看高，貪心會油然而生。哪知往往事不遂人，樂極生悲，還未拋售，股價又快速地下跌。這時，他們並不是想著是否該賣，而是後悔自己為何不在高位平倉，後來股價越跌越不肯賣掉。甚至當股價跌後又反彈，他們的心態馬上又從「後悔沒賣掉」到「惜售」，股價不創高點更不肯賣了。如此一來，看著股價上下如乘「電梯」，投資機會在悄悄流失，機會成本也在逐步增加。

股市中經常有人埋怨自己賺了錢不走，反而深套後斬倉割肉，就是因為沒有「止賺位」的概念。 買進股票後若賺錢，說明投資者看準了行情的趨勢和方向，此時應該立即設置「止賺位」，即股票價格一旦上破該點，就應當機立斷賣出，使獲利落入自己錢袋。如始終未能上破該點，則當然可以繼續保留。「止賺位」的設置，需要有一定的經驗，設置得太寬和太嚴都將影響效果。

客觀地說，很少有人能完全買到最低價，又賣到最高價，甚至也難以做到其中的一方面。況且即使買到了最低價，或者賣出了最高價，也並不意味著就能獲得最大的利潤。有些投資者偶爾買到了最低價的股票，但賺了一點微利就賣出了，想等回擋再買進，結果行情節節上漲，白白失去贏錢的機會；而賣到最高價的人，因當時市場多頭氣氛濃厚，本應持幣觀望，但卻拒絕不了市場的誘惑，結果又重新入市，以致遭受套牢，造成很大的損失。

由此可見，股市的變化無常，尤其是行情難以捉摸，股市投資者要摒棄完美主義的幻想，當股價下跌到一定程度，還無法判斷是不是最低點時，就應該開始逐漸購買有潛力的股票，等到行情反彈回升後到一定程度，很難有大的漲幅後就出手獲利，不要期望賣在最高價。事實証明，如果投資者能掌握低買高賣的要領，就已經相當不錯了，完全沒有必要強求自己一定要最低價買進，最高價賣出。

運用決策理論定賣出時機

美國的西蒙是決策理論的重要代表人物。他在論述決策原則時認為，決策不可能實現最優化原則，只能採取令人滿意的準則。也就是說沒有最好，只有較好。所謂的最優、最好的方案只是一種理論上的美好願望而已。所以，在進行決策時，只要採取較好的方案就可以了。

西蒙的理論對我們炒股有很大幫助，在買賣股票的時候，我們的確需要對宏觀面、公司面等各種因素進行分析。但實際上我們不可能面面俱到地進行全面的分析，至於完全正確的分析更不可能。股市本身就充滿各種變數，風險和贏利的機會都同時存在。因此，在決策買賣時，不能追求極致，更不能貪婪。

大多數股市投資者知道「高賣低買」的炒股法則，然而，這種看似簡易的操作不僅讓新股民常為之糾結，而且入市多年的老股民也常感到迷茫：進行「高賣低買」操作越來越難。每一個股民都想從魚頭吃到魚尾，剛好在股價的最低點買進，又剛好在股價最高點賣掉。實際上這幾乎是不可能的。

不虧本投資心法

賣在最高點、買在最低點只能是股市中的偶然，而不是必然。

訂投資目標必須合理

股市中有很多人喜歡給自己制定投資獲利目標，會給自己選中的股票設定目標價。這樣操作起來就有了方向感，就可以減少投資的盲目性，避免投資的衝動性。有了目標價作參照，投資者就可以知道當前股票交易價格是高還是低，該買入還是等待或賣出。因此，在投資的過程中，我們一定要培養良好的投資習慣，持之以恒的去按照自己的計劃去實行，這樣才能夠把握住股市脈搏，及時入市或者是離場。

盈利目標制定原則

制定行動的步驟對於投資者是非常重要的，有利於投資者加深對投資的理解和認識，理性投資，因此必須做到有張有弛，井井有條。但是，好多投資者在制定投資盈利目標時非常盲目，制定的盈利目標和實際相差很遠。有的是新股民，進入股市的時間不長，對投資的收益充滿不切實際的幻想；有的是在牛市行情中已經獲取了一定利潤的投資者，他們會因為暫時所取得的成績而沾沾自喜，並制定出種種好高騖遠的盈利目標。

盈利目標只是投資者的理想追求，它對實際的投資決策沒有多少作用，而且過高的盈利目標往往會給投資者帶來一定心理壓力，束縛投資水平的正常發揮。在股市由牛轉熊時，死抱著盈利目標不放的投資者，將很容易被不斷下跌的市場所套牢。

人做任何事固然都需要有理想、有目標，但是，如果眼睛裡只有賺錢的目標，就會迷失自我，就會忽視自身的具體情況和素質，忽視自己的優點和缺點，從而無法做到揚長避短、趨利避害。給自己定下違背市場規律的過高盈利目標，就如同是給自己的投資思維加上沉重的負擔，反而會被拖累得筋疲力盡。

那麼，投資者該怎樣制定自己的盈利目標呢？制定盈利目標最主要的一點就是確定自己選中股票的目標價位。只要確定了這只股票到底能漲到什麼位置，那自己的盈利目標基本上就確定了。具體來說，投資者可以通過以下原則，以減少風險。

1 趨勢原則

在準備買進股票之前，首先應對大市的運行趨勢有個明確的判斷。通常而言，絕大多數股票都隨大市趨勢運行。大市處於上升趨勢時買入股票較易獲利，而在頂部買入則好比虎口拔牙，下跌趨勢中買入難有生還，盤局中買入機會不多。

2 分批原則

在把握性不大的情況下，投資者可採取分批買入和分散買入的方法，這樣可以大大降低買入的風險。但分散買入的股票種類不要太多，一般以3－5隻為宜。另外，分批買入應根據自己的投資策略和資金情況有計劃地實施。

3 底部原則

中長線買入股票的最佳時機應在底部區域或股價剛突破底部上漲的初期，應該說這是風險最小的時候。而短線操作雖然天天都有機會，也要盡量考慮到短期底部和短期趨勢的變化，並要快進快出，同時投入的資金量不能太大。

4 風險原則

股票市場是高風險高收益的投資場所。可以說，股市中風險無處不在、無時不在，而且很難完全回避。作為投資者，應隨時具有風險意識，並盡可能地將風險降至最低程度，而買入股票時機的把握是控制風險的第一步，也是重要的一步。

在買入股票時，除考慮大市的趨勢外，還應重點分析所要買入的股票是上升空間大還是下跌空間大、上檔的阻力位與下檔的支撐位在哪裡、買進的理由是什麼、買入後假如不漲反跌怎麼辦等，這些因素在買入股票時都應有個清醒的認識，就可以盡可能地將風險降低。

做任何事情，如果你沒有確立明確而合理的目標，在執行的時候就會像一艘沒有方向的輪船，沒有出路和希望。因此，投資者首先要確立自己的投資目標。在確立目標的時候，一定要做到具體化、合理化，目標不要太大，可以制定一些小的目標，慢慢地去實現，這樣可以避免我們遭受打擊。

時下年輕人每每剛開始工作時會有很多人生目標，例如進修、置業、旅行等，要實現有關目標便需投資。不過，無目標地隨意投資往往是錯誤的開始。面對高風險的股市，當我們失去警惕的時候，虧損就會隨時而至。因此，訂立投資目標時應以合理為大原則，必要時要將比較次要的目標順延或降低所需金額。

不虧本投資心法

如果你的盈利目標是10%，這很容易做到，如果你的目標是讓自己的股票價格翻一番，那你最好清醒一下。

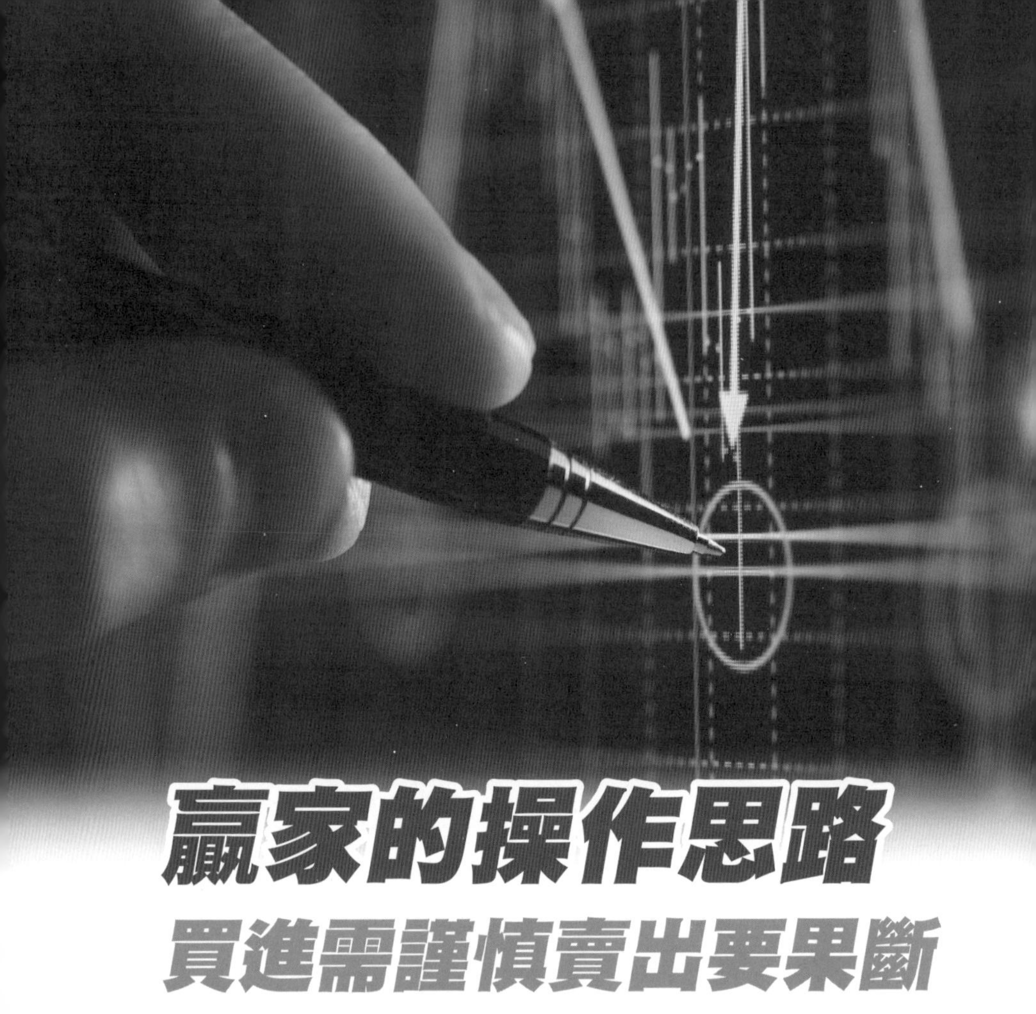

贏家的操作思路
買進需謹慎賣出要果斷

股市大跌之後，眼看好像已到了底部，但是任你千呼萬喚，上漲行情就是出不來，有時稍有回升不知何因又跌了下來，反反覆覆，真叫人非常難受。但股市一到了高位，見頂回落就很快、很乾脆，只要主力莊家把籌碼狠狠地往外一拋，它就像開閘的洪水一樣直瀉而下。所以，投資者一定要把握好買與賣的時機，踏準謹慎與果斷的節拍。

「買進謹慎」的選股原則

遺憾的是，很多投資者，尤其是缺乏股市操作經驗的中小散戶，在謹慎與果斷兩者之間，踏反了節拍，他們不是「買進謹慎，賣出果斷」；而是「買進果斷，賣出謹慎」。

買進股票時，僅僅是看了一兩天上漲的圖形，或是聽了某一消息，或是聽了某一股評人士的建議，就迫不及待地全倉殺入，這樣做往往錢沒掙著，反而一買就被套，被套後又不及時止損，結果被深度套牢；賣出股票時，明明看到大陰蠋劈頭蓋腦地砸下來，只因手裡的股票套住了5%、10%，就是不肯認輸離場，總覺得這樣割肉太吃虧了，企望它反彈再出局，即使真的反彈出現了，又希望它彈得再高一點再賣出。但結果呢？越是猶豫不決，反而套得越深。這就是大多數股民為什麼被深套，為什麼輸大錢的一個重要原因。

所以，除了大牛市，在一般情況下，買進股票時一定要慎之又慎。既要看國家的宏觀政策，又要看股票的基本面；既要看成交量的大小，又要看價格處於什麼位置；既要看陰陽蠋圖的走勢，又要看各種指標的數值。而且，對陰陽蠋走勢圖中的一些上漲信號，也不能只看一天、兩天，而要從整體上把握，比如看周陰陽蠋或看月陰陽蠋圖就比看日陰陽蠋圖的把握得更準確一些。

只有經過多方面的反覆考察比較、綜合分析後才能作出較為正確的判斷，決定是否買進股票。如果是價值型投資者還要仔細分析上市公司的基本面、行業的成長性等。比如，有人根據「買進謹慎」的思路設定了一個選股原則。方法是：只在幾個板塊中選擇目標股，而不是在全部的股票中去尋找目標。另外就是精心分析，從行業上看它的成長性是否穩定，業績是否遞增，再看一看所選的股票是否處於行業的領先地位，並且從技術分析上去找一個相對的低點買入。顯然以這種思路、方法去買股票，風險自然會大大降低，盈利也就相對有了保証。

買時謹慎，是走向成功的通行証。特別是重倉買進，一定要多方論証、小心謹慎，以投資的理由買進。然後耐心擁有，等待時機賣出。千萬不能心血來潮、聽信傳聞而順手買入，然後投機不成而被動長期投資！

不要因別人的一句話 就把自己的決定全部推翻

但是，在賣出股票的時候，和買進恰恰相反，一定要堅決果斷，決不可拖泥帶水。當股票的漲幅已經很大，出現了明顯的見頂信號，就應該立即退場了，不要再考慮什麼基本面、資金面、政策面。總之，當時什麼也不要多想，先落袋為安，走了再說。當然，這並不是說分析股市基本面、資金面、政策面不重要，而是說等你把股市基本面、資金面、政策面這些問題都搞清楚了，股指或股價或許已經跌得慘不忍睹，到那時損失可就太大了！

而且，有一點投資者需要注意。有些人當他想賣出股票時，往往拿不定主意，於是就問張三怎麼辦，問李四如何看，結果別人的一句話就把自己的決定全部給推翻了，以至該賣出時因有人繼續看好而惜售不拋，因有人反對，而改變自己的初衷，致使遭受重大的損失。

許多投資人雖有投資策略，亦有停利停損措施，但每當股價漲至停利點時就心貪，調高停利點；而股價跌至停損點時，又因不願虧錢賣出，取消停損。這類被情感牽著走的投資人，很容易因錯過買賣時機而損失慘重。所以，投資人要先學會控制自己的情緒，再來談投資。

總而言之，一切有心想在股市中賺錢的投資者，一定要牢記：「買進需謹慎，賣出要果斷」。它將是助你投資成功的一個制勝法寶。買進需謹慎，賣出要果斷。這是股市贏家的一貫思路。但是往往大多數投資者的操作思路完全相反：買進果斷，而賣出謹慎。這是被套的思路，是中小散戶輸錢的重要原因。

不虧本投資心法

頂部三日，底部三月。漲慢跌快是股票走勢的基本特徵。

緊記 巴菲特的口頭禪

巴菲特常說的一句口頭禪是：「擁有一隻股票，期待它下個早晨就上漲是十分愚蠢的。」他意思是說，不要投機！很多投資者分不清投資與投機的區別。關於兩者的區別，歷來有爭論。有觀點認為，短線操作就是投機，不可能是投資；也有觀點認為，階段性投資也與投機在本質上是一致的。與此相對應的，也有人認為長期持有就一定是投資。還有些投資者認為，投資就是投機，投機就是投資，兩者沒有什麼分別，「投資」只不過是一個好聽的名詞，其本質就是「投機」。

投資和投機的區別

正由於投資投機不分，結果在投資過程中，應投資時卻投機，應投機時卻投資。目標不同，操作方法則不同，搞不清楚兩者的分別，就容易導致因判斷錯誤而造成虧損。

關於投資和投機的區別，現代証券之父本杰明・格雷厄姆在其名著《証券分析》中進行了說明，他認為：「投資是一次成功的投機，而投機是一次不成功的投資。」他還進一步解釋：「投資是指根據詳盡的分析、本金安全和滿意回報有保証的操作。不符合這一標準的操作就是投機。」

由此可見，這兩者的區別原本是顯而易見的，但是隨著「投資」的概念被濫用和泛化的現象日趨嚴重，兩者的區別正在被人們有意無意地淡忘。當然很大程度上是被人們有意識地模糊了，尤其是那些真正搞投機的人。

其實，投資和投機是針對風險來說的，說的是一種對風險的掌握態度、能力和策略。投資者往往對風險有一個整體的認知，有一個良好的心態，有一套從容應對的策略；而投機者則不是，他沒有給自己留一點防護的措施，風險一來，就只能隨波逐流。所以說，投資是穩健的，投機卻是冒險跟風的；投資的資金應長期，無須迅速套現，但投機則來得快去得快，不可久留，是賺是虧，很快就有分曉，也很快就離場。

賺錢是投資者的唯一目的，很多投資者為了這個目的不擇手段，往往陷入了投機的泥潭而無法自拔。其實，投資和投機不是道德上的區別，而是兩種完全不同的態度、方法。被人們稱為環球投資之父的約翰・坦伯頓在他為投資人提出的16條投資法則中明確指出：「投資，不要投機。」這是這位投資專家的投資原則，也是他對投資者的忠告，或者說是對那些投機者和有投機意向的人的忠告。

事實上，投資和投機是兩條道路的區別：抱有真實投資的態度，把投資當生意來做，就如同選擇了一條康莊大道，你的前途無疑是光明的、快樂的、長壽而且富有的；抱著投機博弈的態度，把股票當成一張紙來炒，就好比選擇了一條崎嶇小路，你的未來可能是暗淡的。

股市裡總會有一部分人投機，危害最大的還不是投機本身，而是盲目投機且不自覺，一遇風險，後果是災難性的。坦伯頓用他自己多年的投資經驗告誡投資者不要投機，投資對於投資者是一種有意義的人生事業，投資的原則是安全。因此，當你想要成為投資大軍的一員，你一定要認真拜讀一下坦伯頓的書，學習一下他的成功經驗和投資法則。

總之，要投資，不要投機。因為投機可能會有偶然的成功，但可能一次失敗就會前功盡棄。投資與投機，其實就是一種暫時和長期、衝動和理性的區別，我們當然要秉持長遠的、理性的投資方式。

做個保守型投機者會安全一點

保守型投機者是那些在知識、能力、時間、經驗等方面無特別優勢，風險承受能力較弱，但對贏錢期望值不很高的投機者。多數投機者往往低估投機市場「機會少於陷阱」的嚴重性，而誤認為市場充滿了機會。

從投機經濟學的角度看，投機者如果沒有別的優勢，又無法抵御價格波動的誘惑，那麼參與投機的唯一機會就是「等待」而不是預測，即等待較低的價位，等待不利趨勢的逆轉。

相信邏輯判斷是保守型投機者的大忌。主動尋找投機機會無異於中等飛行能力的鳥兒飛出島外送死。等待是這類投機者的最優生存策略。

不要貪婪才會認真投資

因為貪婪，你會習慣於重倉，甚至滿倉操作，全然沒有風險管理的概念。總想一夜暴富而孤注一擲，或者希望一口吃成個胖子。通常的結局是一朝失手，滿盤皆輸。

因為貪婪，你不會放棄任何交易機會，什麼行情都要做。你會連一個小小的回檔或反彈也不願放過，有的甚至不惜重倉參與，顯示出刀口舔血的氣概。從不懂得學會放棄也是一種境界。

因為貪婪，你會出現過渡交易傾向，成天在市場上殺進殺出，手中一天有貨係手就覺得渾身不自在，從不知道休息。結果做的多，錯的多，虧的也多。手續費交了一大堆，淨為交易所和經紀行打工了。

因為貪婪，在你交易出現虧損和連續失利的情況下，仍不願意減少交易，或停下來調整自己，而是急於返本，甚至變本加厲，以圖撈回損失。其實，如同跳舞一樣，踩錯了拍子，只有索性停下來重新調整舞步，才會踏上節奏。

因為貪婪，你會在盈利上倒金字塔式的無休止加碼。盡管市場風險加大，盡管潛在獲利空間有限，盡管市場隨時可能掉頭，仍然貪心不足地窮追猛打。有的人賺了五千點，但五百點的調整就有可能將其盈利化為烏有！貪婪令你想把一根甘蔗吃到頭，希望將行情從頭做到底，不給自己留任何餘地。盡管行情快到盡頭，風險與報酬已不成比例，仍然貪得無厭地想連湯都喝得一點不剩，還美其名說「富貴險中求」，結果免不了接下最後一棒。

不虧本投資心法

要投資不要投機，因為風險隨時存在。

不可盡信
股評及大行報告

自從有了股市，股評家也就應運而生。在股市這多年的發展中，香港的股評家隊伍也迅速發展壯大著，他們當中的絕大多數人可以說對股市投入了大量的心血，對股市進行深入的分析和研究，然後把自己的見解通過報紙、電視等媒體向廣大股民廣而告之，使得中小股民在第一時間聽到他們的聲音而給自己的投資帶來裨益。可以說，不少股評家確實是股民的輔導老師，解惑答疑，分析大勢，推薦好股票，成為散戶的好幫手。

投資者應怎麼鑒別黑嘴股評家

然而不可否認的是，在這些股評家隊伍中，總有一些「黑嘴」誤導股民。他們能讓許許多多忠實的普通投資者傾家蕩產，甚至引發股市的嚴重動蕩。這些所謂的股評家一般都有兩種情況：

第一種情況是不負責任，信口開河。這些所謂的股評名家每天被多家媒體追來趕去，又上電視，又上電台，又寫股評，又開分析會，一天到晚忙於應付，根本沒有時間坐下來認真研究宏觀經濟形勢，學習新的証券分析理論，以致在日常股評中只能說些「逢低建倉、逢高減磅」一類不痛不癢的套話。

為了推卸責任，他們或似是而非，或模棱兩可，或避實就虛，使投資者感到無所適從。他們的主要精力不是放在分析個股，把握大勢上，而總是想方設法使自己立於不敗之地，推薦股票，少時三五隻，多時八九隻，只要說準一隻，便有了日後自我誇耀的資本；說錯了也沒有關係，長線投資嘛，一時下跌不必計較。

第二種情況是與惡莊聯手，散布謠言，指鹿為馬，誘騙投資者上當。莊家需要收集籌碼的時候，這些股評家說這隻股票怎麼怎麼不好，騙投資者把這隻股票給賣掉，便於莊家在低位收集籌碼。當莊家籌碼收集到一定程度的時候，需要股票價格上漲的時候，這些股評家就會說這個股票又怎麼好怎麼好，能漲到多少多少價格，騙投資者在高位接籌，莊家好順利出逃，然後把投資者套在裡頭。雖然這類股評家屬於個別，但卻造成了極壞的影響。

那麼，投資者怎麼鑒別黑嘴，避免上當受騙呢？一般來說，投資者可以從兩個方面來識別：

一方面，要看他所作的評論和分析怎麼樣，尤其要注意有一些煽動性的，或者說給人感覺到是非常容易賺錢的投資建議，對此你就要多打幾個問號，因為天底下沒有那麼好的事情，因此它不可能是真的。投資者還要從股評家評論和分析的內容上去考慮，內容上面除了一些用詞，還要考慮他分析的到底是一些相對空泛的傾向性說法。

另一方面，投資者還要看這個股評人，他在這個市場上以往的表現怎樣，在同行業裡人家是怎麼看他的，他過去的行為是怎麼樣的，包括他現在工作的機構，服務的單位等。如果他所服務的機構在市場上的投機性很強，他做股評的話大家就千萬不要信，尤其當他們是依附於某一些利益集團，或自己直接大規模地委托了資產管理的，就更不能信了。

雖然有很多股評人說自己沒有參與市場交易或持有某個股，但實際上大都與股市有染，或利用其他手段炒作股票，或是機構大戶的操盤人，所以其言論有失公允就在情理之中。

股民們不難想象，當股評者自己做多時他絕不會言空，相反他可能會將股市的前程描繪得輝煌似錦，以鼓勵股民踴躍入市，從而抬高股價，便於自己出貨；而當股評者做空時他也絕不會看好後市，相反他會列舉種種不利的因素，以號召股民斬倉斷臂，從而打壓指數，便於自己低價吸納。

有的股評家乾脆就是受僱於他人，如在股票即將上市時為上市公司搖旗吶喊，在機構大戶套牢時，營造虛假的股市氣氛、炮製誘人的概念，從而引他人上鈎，達到解套或漁利於人的目的。因此，中小投資者一定要增強自我保護意識，對於大勢的研判可參考股評意見，買賣個股則應自己拿主意。

總之，不能迷信股評，不可不信，不可全信，要獨立思考，不能上當受騙還不知其所以然。兼聽股評不盲信，不要輕易相信道聽途說，不要輕易相信別人的小道消息。要擁有研判大勢的資料和選股的主見，股評只能作為參考，信別人不如信自己，只相信自己的判斷。股評只能作為投資的參考，決不能作為買賣的重要依據。

大行報告真的不可信嗎？

成日在報紙和電視都會看到不同的大型證券商發表一些「大行報告」，對個別某些股票評頭品足，說業務前景怎樣怎樣，又有建議目標價，這些資料可信嗎？

如果你明白股票遊戲的供求關係，就應該覺得這些所謂報告的可信性其實是有疑點的，最大原因是有利益衝突！投資者不應盡信，相反，應以客觀的態度來評估，否則可能會變了大戶的點心。世上沒有全完免費的午餐，清醒地想想，大行與你非親非故，他們花那麼多錢養一大班分析員，得出來的結果點解要公諸於世？原理好簡單，返去讀書的年代，假如你開通宵才做好份功課，你會唔會無條件俾隔離位果個同學抄？就算我們不以陰謀論說這報告的目的，單是時差問題就值得留意，例如分析員對某企業或業務進行分析時，可能是三個月前的事，而發表這報告時，延遲了多久，就直接影響到這報告的真實性。

大家有機會不妨留意一下，有時候，同一隻個股會被不同的大行評級；不過被評出來的目標價，往往有出入。當然，由不同的人出報告，就會有不同的睇法；不過有時發現的結論是互相矛盾的，假如方向是一致，還可以說是計算資產價格的偏差，然而搞笑的是，有大行A極度看好，建議增持，卻同時有大行B極度看淡，建議沽售！

筆者試過留意某大行唱好某隻內需股，說要看升，而事實之後幾個月，也是一直上升，但是細心再翻查那隻內需股的走勢圖，早在兩個月前就到底回升了，那誰在幾個月前入貨呢？答案很簡單，當然是那些大行啦，人家早幾個月在低位買夠了，現在需要其他人來炒高和接貨，那當然是免費放風，讓市場其他人來幫忙，到高位時誰會接貨？當然是那些沒用功、靠收風的羊牯啦！

如果你認為大行其實只抱著街外錢齊齊搵的想法，那就太天真了。當派貨派得差不多時，他們分分又再出一份報告，說股價格偏高，受外圍因素拖累等言論，跟著大行又可以再低位買貨，重覆這遊戲。

盲目跟從風險大

事實顯示報告結果不一定準確，研究人員亦不是先知，外圍市況都會對企業股價影響重大。其實除目標價外，報告會詳細列出基本技術分析、企業營運情況，才可以估計未來盈利增長，一份完整的報告可達數十頁紙。一般投資者難以接觸完整報告，大部分都是靠傳媒作出報道而得知目標價，只有部分專業投資者及基金經理才可以得悉全份報告內容。因此盲目跟從目標價入市，實為高風險投資。

所以，天下沒有免費的午餐，不用功，靠收風，自然變了羊牯被人宰殺。金融市場不變的定律是殺戮戰場，大戶賺的錢，就是散戶輸了的，散戶不輸錢，大戶何來以億計的花紅和利潤！

不虧本投資心法

靠股評研判大勢，決定買賣股票，是把自己的命運交給素不相識的人，風險極大。

相反理論操盤術

利空出盡時買入

利好出盡時賣出

許多投資人雖有投資策略，亦有停利停損措施，但每當股價漲至停利點時就心貪，調高停利點；而股價跌至停損點時，又因不願虧錢賣出，取消停損。總言之，超賣必漲，超買必跌，這是必然規律，所以，股諺有云：利空出盡是利好，利好出盡是利空。利空利好都沒有永遠佔上風的可能，而是一波一波地反覆，僅此而已。所以，相反理論認為，市場上大多數人都在拋售的時候，你就可以考慮買入；而大多數人搶著買入的時候，你就要及時賣出。

相反理論永遠都不會過時

有許多投資人非常認真研究學習挑選股票，也的確買進不錯的投資標的，但因為沒有完整的投資計畫，進場後就不知何時該出場，或什麼情況下該賣出股票，導致沒有把握機會出脫股票，等到盤勢不好想賣時已被套牢。

普通投資者每當聽到有關政策或公司的利空消息時，都會感到惶恐不安，並錯誤地預測會有跌勢行情的出現，於是想避開。然而，股市中情況異常複雜，有時它會反其道而行。這點看起來似乎矛盾。

例如，當經濟形勢極端惡劣時，如果有重大利空出現，市場會認為利空既已出盡，美景自然就在眼前了。但現實中，有很多的散戶，因為一朝被蛇咬的緣故，成了驚弓之鳥，一旦利空消息出現，不管是真是假，會不會出現跌市，都會趕快跳出，保本為安，結果錯過了大好時機。若在這時買進股票，很可能獲得可觀的收益。

從股市的歷史來看，「黑馬」的形成往往與利空相伴。很多黑馬股在啟動前，經常是遇到各式各樣的利空。利空的表現形式各有不同，如上市公司的經營業績惡化，有重大訴訟事項，被監管部門譴責和稽查，以及在弱市中大比例擴充，傳聞主力資金鏈斷裂，等等。

雖然利空的形式多種多樣，但有一點是共同的：就是利空會讓投資者對該股的走勢產生悲觀情緒，有的甚至引發投資者的絕望心理而不計成本地拋售，而這種效果恰巧是某些人願意看到的。正確對待股市的利好和利空，堅持「人棄我取，人取我予」的原則，方可虧少賺多，成為贏家。

股市運行規律

漲了跌，跌了漲，久漲必跌，久跌必漲。太陽從東升運行至中天，必然會西墜。月亮從芽兒運行至圓盤，必然會虧缺。大海的波濤從峰至谷，又從谷至峰，循環往復，周而復始，以至無窮。自然界的規律如此，股市的運行規律也是如此。物極必反，否極泰來，樂極生悲。

沒有永遠處於中天的太陽，沒有永遠處於圓盤的月亮，沒有永遠處於波峰的海浪，也沒有永遠處於利好的股市。牛市和熊市，總是會相互轉換的。利空出盡之時，便是由熊市轉牛的臨界點。利好出盡之時，便是由牛市轉熊的臨界點。

跌到不能再跌了，已經沒有再下行的空間了，它必然會反彈，必然會轉頭上行。漲到人人都賺錢，個個都發瘋，回吐調整便是一種必然，反轉隨時都可能發生。冷極了必熱；熱極了必冷。在股市上操作，你為何不順著這自然規律，來一個反向操作呢？

相反理論永遠都不會過時的。

人人都看好後市的時候，每一個人都覺得股價會再升，再升，再升，此時何等瘋狂，熱極了，聰明的你該拋售籌碼了。熱瘋的漲勢耗盡了買家的本錢，想買入的已經滿倉了，後續資金難以為繼了，牛市必然會在一片利好聲中淡然了結。

這是一種必然！人人都搶，你就成全他們吧！

相反，人人都看淡後市，每一個人都覺得股不能炒，該拋的全拋了，想拋也沒可拋的了，股海一片死寂，像睡美人，像夜幕低垂的黃昏，像大限已至的刑場，交易所裡人跡罕至，冷極了，聰明的你該吸籌了，利空出盡是利好，人棄我取，正是時候，熊市已到盡頭，此時不介入，更待何時？

在投資股市時，應該著重於整體股市的趨勢，再根據趨勢選擇投資的股票、方式及時間長短。另外，不要抱怨市場與你所期望情況的違背，應該學習如何從錯誤中獲取教訓。如果不是以此態度投資，你會發現每當將「希望市場如何走」的意見加入你的分析中時，你所預估的市場趨勢會因為自我偏見而與實際趨勢有所差距。

不虧本投資心法

相反理論永遠都不會過時的。
利空出盡是利好，利好出盡是利空。

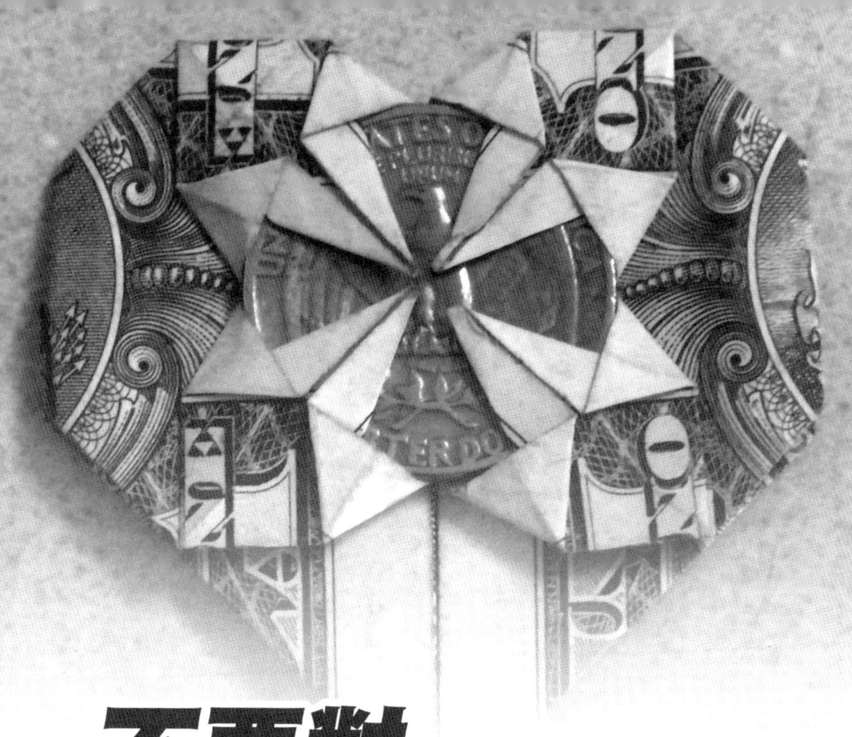

不要對
任何股票談戀愛

有句股諺叫「不和股票談戀愛」，意思是不能因為持有一個股票就越看越喜歡而捨不得換股。其實，看來股票如此，整體股市也是如此，無需因為投資股市習慣了，就永遠在股市找機會，而錯過其他的風景。感性是投資的一大忌。投資應該是一種尊重客觀事實、注重投資紀律的理性行為，其中不應夾帶任何的感情色彩。千萬不要「情人眼裡出西施」，愛上某隻股票，用感情替代了理智。

記住：股票只是賺錢的工具

很多散戶都有這樣的一種感覺：一旦持有某一隻股票，拿著要比賣出更能使自己感到快樂或更接近於快樂。也許是因為在過去的某一段時間內，自己曾經在這隻股票上贏錢，或者至少是有一段時間內有賬面利潤，也許是因為周圍的人對這家公司的稱贊。因此，這樣的懷舊情緒圍繞著我們，使得我們難以切斷與這隻股票之間的聯系。

我們與這隻股票的聯系導致了一種榮辱與共的感情。我們和這隻股票成了朋友，我們愛上了這隻股票，因此我們常常傾向於不要切斷這樣的聯系從而結束這種令人愉快的關係。於是，我們會因此而忘記了股市的大環境，忘記了這隻股票的發展趨勢，結果錯過了最好的賣出機會，最終遭致虧損。

我們應該深深地明白，股票是賺錢的工具，而不是你的終身伴侶，因此千萬不要對它產生感情，這樣在「分手」時才不會依依不捨，下不了決心。

人總是有感情的，對人如此，對待自己的東西也是如此。往往我們持有某隻股票，時間久了，就會對其產生感情，就認為它是「自己的股票」了；再加上有些特殊的意義在裡面，有時就更加捨不得賣出了，比如是自己買的第一隻股票或者是某個對自己有重大意義的人給買的或者曾經給自己帶來較大收益的股票，怎麼看怎麼也好，就算它表現不好了，也能努力為其找理由開脫，其實大可不必。如果自己所持有股票的情況確實已變得比較糟糕，投資者一定要承認自己犯了錯誤，忍痛割愛，趕快變現並繼續尋找別的投資機會。

投資大師索羅斯就是這一方面的典範。1974年，索羅斯在日本股票市場建立了極高的持股比例。一日下午，東京某位營業員打電話告訴他一個秘密，內容是日本人對陷入「水門案件」醜聞的尼克森總統反應欠佳，當時正在打網球的索羅斯毫不猶豫地立即決定賣出。由此可見，理性對待持有的股票，該出手時就出手是多麼重要。

而大部分投資者充斥一種捨不得的情緒，上漲捨不得賣，下跌也捨不得賣，看了難過，殺了手軟，賣出時往往是波段最低點。亞歷山大・埃爾德說：「賣出的難處在於我們對倉位的依戀......任何東西一旦被我們擁有，自然就會對它產生依戀。」投資者必須隨時保持客觀，如果某只股票已經不具備當時買入它的理由，則不論你多麼喜歡這家公司或者它曾帶給你多大利潤和快樂，你都要毫不猶豫地賣出它。這是股票投資鐵的紀律，一定要遵守。

那麼，怎樣才能避免愛上某隻股票，不和某隻股票談戀愛呢？最重要的一點就是要不帶任何感情地評估自己持有的股票；就像當初決定要買的時候那樣。

如果評估的結論是你不會買自己現在持有的股票，那就堅決地賣了它，用更好的股票替代它。但在作這樣評估的時候，記住要把它和同類股票比較，否則有可能會賣錯股票。

股市沒有真正的「愛情」，看好一個股票，暗戀它的時候，要設法了解它、欣賞它；愛上它的時候，要追求它、愛護它、守候它；等把它養肥了、要變質的時候，要果斷、毫不猶豫地拋棄它。

窮人愛現金，富人愛資產，現金也好，股票也好，物業也好，無論是哪種狀態，最重要是有利的步位，有現金流，有價值的資產，就算長期持有一輩子也無妨，所以沒有存在什麼跟股市談不談戀愛的問題，亦不需專程為投資定一個限期。沒有價值的，沽掉，有價值的，不妨持有，以這樣的邏輯，自然能儲蓄到滿手優質資產。

別讓「執著」害了你。沒錯，你當初看好某一家公司的前景，買了該公司的股票準備長期投資，可是當你發現公司營運狀況不如預期或是出現更大的危機之時，難道還要抱著股票不放嗎？

不虧本投資心法

股票是投資對象，而非戀愛的對象，如果愛上某隻股票，不忍割捨，那你一定會付出慘重的代價。

急於挽回損失 會損失更大

急於求成是很多投資者造成虧損的重要原因之一。在暴跌市中投資者往往被套嚴重，賬面損失巨大，他們急於挽回損失，於是隨意地增加操作頻率或投入更多的資金。結果心慌意亂，錯誤連連，造成更大的虧損。因為市場的走勢是不以人的意志為轉移的。當大勢疲弱，獲利機會稀少的時候，投資者強行採取冒險和激進的操作方武，或頻繁地增加操作次數，只會白白增加投資失誤的可能性。

盲目換馬更易墮馬

個人投資者出現這種錯誤的原因不外乎資金量小，經得起贏經不起輸，連續虧損幾次恐怕連生存都會成問題，這就不能不令他們急於挽回損失，而不像機構投資者，因為資金充足心態也比較坦然，較容易保持理性。

筆者有個朋友Raymond，是一個新股民，從2008年年初開始炒股（當年金融海嘯之前幾個月），就像所有的股民一樣，他懷著賺錢的目的來到股市，希望在這裡能實現自己的夢想。他把自己準備買樓的首期全投進了股市。剛開始到股市，什麼都不懂的Raymond就好像一葉小舟來到了大海中央，茫茫滄海，一時間失去了方向，就像沒頭的蒼蠅，誤打誤撞，買了一些自己都不了解的股票，結果可想而知，賠得一塌糊涂，30萬元的本金，4個月下來就賠了一大截。面對虧損，Raymond急得就好像熱鍋上的螞蟻，團團轉，整天想著怎樣才能挽回損失。

好多時候，所謂的內幕消息都會在你最急的情況下出現。Raymond「收到風」就信以為真，再借銀行循環貸款去搏一搏；點知越搏越「頻撲」，新借來的本金又輸一半。最後他又聽從電視「財經演員」的建議，「換馬」把手頭上的股票，投到一些藍籌股上。可是，海嘯時形勢非常凶狠，藍籌股雖然平時有抗跌能力；但大市要向下，咩都冇情講。Raymond見「換馬」的藍籌股都要虧，最後唔知點解今次邊個都唔信，只信自己，沽貨離場。

時至今天，Raymond當然悔恨萬分(因為如果他有耐性守到現在，已經最少可以把本金追和)，如果自己不急功近利，不急於挽回損失，冷靜地對待自己的虧損，就不會那麼慘了。可見，作為個人投資者，我們要對股市風險清醒地認識，要沉著冷靜地對待損失。不能因為出現了巨虧，就亂了方寸，病急亂投醫，選擇了不該選擇的方法。

弱市佈局有要訣

具體來說，面對弱市中的虧損投資者該怎樣做呢？

1 要乘勢而為

炒股如同駕船，見風使舵方能順利行駛，如果逆勢頑強做多，不要說散戶沒有任何資金實力，即使是上億資金的莊家也同樣難以生存，有幾年接二連三的莊股跳水事件，已經從一個側面反映出這種問題，所以投資者在操作中必須要順勢而為。

2 要耐心等待

在跌市中，投資者隨意地增加操作頻率或投入更多的資金，只會進一步加大虧損的概率。在大勢較弱的情況下，投資者應該少操作或盡量不操作股票，靜心等待大勢轉暖，趨勢明朗後再介入比較安全可靠。

3 不要過於後悔

後悔心理常常會使投資者陷入一種連續操作失誤的惡性循環中，所以投資者要盡快擺脫懊悔心理的枷鎖，才能在失敗中吸取教訓，提高自己的操作水平，爭取在以後操作中不犯錯誤或少犯錯誤。

4 不要過於急躁

在跌市中，有些新股民中容易出現自暴自棄，甚至是破罐破摔的賭氣式操作。但是，不要忘記人無論怎麼生氣，過段時間都可以平息下來。如果資金出現巨額虧損，則很難在短時間內彌補回來。所以，投資者無論在什麼情況下，都不能拿自己的資金賬戶出氣。

5 不要過分看跌

跌市中投資者要運用辨證思維看待股市的漲跌，股市中未來的行情不可能就是當前行情的翻版，根據當前市場運行特徵直接的推測未來行情，未免過於單純。

6 調整倉位的結構

跌市中是調整倉位結構，留強汰弱的有利時機，可以將一些股性不活躍，缺乏題材和想像空間的個股賣出，選擇一些未來有可能演化成主流的板塊和領頭羊的個股逢低吸納。

7 等待行情臨界點

跌市中，投資者必須通過技術分析和基本分析手段，了解市場的調整力度輕重和演化規律，選擇調整力度即將衰竭到臨界點時，再重新介入，短線參與波段行情。

不管是止損或是換馬，這也是一個計劃，更是一項操作。理念是指投資者必須從戰略高度認識在股市投資中的重要意義，因為在高風險的股市中，首先是要生存下去，才談得上進一步的發展，關鍵作用就在於能讓投資者更好地生存下來。

市場的不確定性和價格的波動性決定了止損或換馬常常會是錯誤的。事實上，在每次交易中很多人也搞不清，如果做對了也許會竊喜；但搞錯了，則不僅會有資金減少的痛苦，更會有一種被愚弄的痛苦，心靈上的打擊才是投資者最難以承受的痛苦。不過，真正成熟的投資者應該有所為有所不為。他們明白急於挽回損失並不可取，任何股票的炒作都不可避免地產生波段，學會休息，積蓄能量為下一階段行情作準備，才是具有大智慧的投資者。急於挽回損失的做法不僅徒勞無功，還往往會加重虧損的程度。

不虧本投資心法

心急吃不了熱豆腐。炒股需要耐心，而賠了之後則需要更大的耐心。

炒股手風好
請勿隨意順勢加碼

許多投資者買入股票非常隨便，特別是在操作得比較順手的時候，自信滿滿，不管三七二十一，大膽買進。對於他們來說，買股票比買菜還隨意，買菜還要挑三揀四呢。他們以為炒股就是買入，就是持股待漲，就是激情進攻。這絕對是個誤區，一個非常危險的誤區，甚至是走入了「地雷陣」。這種隨意的結果可想而知，買入後大多被套牢，然後抱回家睡覺，等待解套。

順勢加碼原則

行情來了，人往往容易激動，一激動就忘記了風險。

一個人在過度興奮、衝動、臉紅脖子粗的時候，給自己澆盆涼水，清醒清醒，非常有必要。投資高手常常會這樣做，沒有別的原因：他們把風險意識看得比什麼都重要，希望自己在股市裡生存得長久一些。

其實，炒股票不只是進攻，退守也是非常有效的投資策略。特別是在買賣得心應手的時候，如果一味地出擊，往往會暴露出自己的弱點，給了對手以可乘之機。炒股票別搞得像一些差勁的球隊踢足球似的，過分喜歡進攻，但臨門一腳沒準頭，防守又不積極，隨意性太大，結果常常成為輸家。其實，偉大的球隊，首先是懂得防守的球隊，所謂的「進攻贏人心，防守得天下」說的就是這個道理。

對於炒股高手來說，行情越發展，他們決不會順勢加碼，而是倉位會越來越輕。加碼買入時比第一次買入時難度要高，需要考慮更多方面的因素，同時，價格通常已經不再那麼有利。涉及風險評估和風險控制問題，加碼會使情況複雜化，並對整個交易造成不利影響。因此，當我們操作很順手的時候，一定要慎重，不要隨意加碼。如果確實想買入，我們可以遵循以下原則，以減少風險。

1 趨勢原則

首先要明確了解投資標的前景是否良好，若投資標的前景無虞，股市逐漸止穩，市場氣氛不再悲觀，就是可以加碼的時候。在準備買進股票之前，首先應對大市的運行趨勢有個明確的判斷。通常而言，絕大多數股票都隨大市趨勢運行。大市處於上升趨勢時買入股票較易獲利，而在頂部買入則好比虎口拔牙，下跌趨勢中買入難有生還，盤局中買入機會不多。

2 賺錢時才加碼

順勢加碼補倉操作法就是假設投資者在10元買進，此時價位較低，接著行情上揚到12元，如果投資者覺得漲勢才起步，無理由急於套利；又在12元加碼買入，股價漲至14元，如果投資者認為這不過是一個大升浪的中間點，可以再次加碼買進，擴大戰果，等到股價上漲到某一高位，無法繼續漲升的時候。投資者全部賣出持股，獲利了結。因為賺錢時加碼是屬於順勢而行，「順水推舟」買入之後股價漲勢仍然強勁，可以再買進，這樣可使戰果擴大。

3 不能在同一個價位附近加碼

如果投資者在10元買進股票，應該等行情漲到12元再加碼補倉，上揚到14元再做第三筆加碼買入。如果10元買入第一筆交易後，股價的上漲趨勢沒有能保持，投資者就應該賣出，而不是加碼買進。

4 不要「倒金字塔」式加碼

當投資者順勢加碼的時候，資金分配很重要，第二次加碼補倉的資金要等於或少於第一次買進的資金，第三次加碼補倉的資金要等於或少於第二次買進的資金。如果每次加碼都要比原來買得多，做多頭的話，平均持股成本就會拉得越來越高，市況稍微反覆，就會把原先擁有的浮動利潤吞沒，隨時由賺錢變為虧錢。因此，投資者不要採用「倒金字塔」式加碼。

成功不是一種狀態，而是一種心態。很多時後我們總是在盲目地追求，把希望寄託在永無止盡的未來，卻忘了活在當下的每分每秒，忘了當下的寧靜、祥和，而到頭過來後才發現，其實我們擁有的只有「當下」。

投資、投機、賭博其實並非涇渭分明，主要的分別只在你知不知道自己在做什麼？你有沒有做足了功課？你是客觀分析後做的決策，還是純粹情緒使然？這些因素才導致了每個人是投資、投機，還是在賭博。

不虧本投資心法

當你開始賺到錢時，當你出手越來越彪悍時，要及時意識到「你最危險的時候到了」。

睇人先睇相
炒股先睇量

成交量是一種供需的表現，當股票供不應求時，人潮洶湧，都要買進，成交量自然放大；反之，股票供過於求，市場冷清無人，買氣稀少，成交量勢必萎縮。可以說，成交量的大小直接表明了買賣雙方對市場某一時刻的技術形態最終的認同程度。有些人買股票時常常會片面看個股的漲跌，一隻股票跌了幾天後，他會認為這隻股跌得差不多了而買進，卻不知在形態不好時它橫盤幾天後還會下跌。炒股不要單方面認為它何時是底，而應學會順勢而為，應找那些剛啟動又有量的個股。

注意成交量異動波幅

廣義的成交量包括成交股數、成交金額、換手率；狹義的也是最常用的是僅指成交股數。股票只要上市交易，每日都會有或多或少的成交量。一般而言，向上突破頸線位、強壓力位需要放量攻擊，即上漲要有成交量的配合；但向下破位或下行時卻不一定需要成交量的配合，無量下跌天天跌，直至再次放量，顯示出有新資金入市搶反彈或抄底為止。價漲量增，價跌量縮稱為量價配合，否則為量價不配合。

股市中什麼都可以騙人，例如消息、傳聞、技術騙線等等，但唯有成交量騙不了人。所以，根據成交量的變化尋找黑馬，是投資者經常使用的方法。但在實際運用時，如何撥開重重迷霧，看到真實的本質，卻需要投資者進行仔細的分析。

如果莊家收貨較為堅決，則漲時大幅放量、跌時急劇縮量將成為建倉階段成交量變化的主旋律。盡管很多情況下，莊家收貨的動作會比較隱蔽，成交量變化的規律性並不明顯，但也是有跡可循的。一個重要的方法就是觀察成交量均線。如果成交量在均線附近頻繁震動，股價上漲時成交量超出均線較多，而股價下跌時成交量低於均線較多，則該股就應納入密切關注的對象。

對於大市異動成交的情況也值得關注。因為在成交量波幅不大的交易日裡，主力也並沒有閒著，只是籌碼收集動作幅度沒有那麼大而已。投資者根據成交量的變化尋找黑馬時，還必須結合股價的變化進行分析。因為絕大部分股票中都有一些大戶，他們的短線進出同樣會導致成交量出現波動，關鍵是要把這種隨機買賣所造成的波動與主力有意吸納造成的波動區分開來。我們知道，隨機性波動不存在刻意打壓股價的問題，成交量放出時股價容易出現跳躍式上升，而莊家收貨必然要壓低買價，因此股價和成交量的上升有一定的連續性。

依據這一原理，可以在成交量變化和股價漲跌之間建立某種聯系，通過技術手段過濾掉那些股價跳躍式的成交量放大，了解真實的籌碼集中情況。目前市面上流行多種分析指標，不過通常而言，這種指標使用的範圍越窄，效果就越好，因為一旦傳播開來，容易被主力反技術操作。但無論如何，上述原理卻是永恒適用的，因為主力不管怎樣掩飾，收集籌碼是根本目標。

投資者還可以根據成交量堆積來判斷主力的建倉成本。除了剛上市的新股外，大部分股票都有一個密集成交區域，股價要突破該區域需要消耗大量的能量，而它也就成為主力重要的建倉區域，往往可以在此處以相對較低的成本收集到大量籌碼。所以，那些剛剛突破歷史上重要套牢區，並且在以下區域內累積成交量創出歷史新高的個股，就非常值得關注，因為它表明新介入主力的實力遠勝於以往，其建倉成本亦較高，如果後市沒有較大的上升空間，新主力是不會輕易為場內資金解套的。

但如果累積成交量並不大，即所謂「輕鬆過頂」，則需要提高警惕，因為這往往系原有主力所為，由於籌碼已有大量積累，使得拉抬較為輕鬆。盡管這並不一定意味著股價不能創出新高，但無疑主力的成本比表面看到的要低一些，因此操作時需要更加重視風險控制，股市整體走勢趨弱時尤其需要謹慎，因為主力有隨時出貨的可能。

成交量的應用法則

需要指出的是，在主力開始建倉後，某一區域的成交量越密集，則主力的建倉成本就越靠近這一區域，因為無論是真實買入還是主力對敲，均需耗費成本，密集成交區也就是主力最重要的成本區，累積成交量和換手率越高，則主力的籌碼積累就越充分，而且往往實力也較強。此類股票一旦時機成熟，往往有可能一鳴驚人，成為一匹超級大黑馬。

具體來說，成交量的應用法則如下：

1 價格隨成交量的遞增而上漲，為市場行情的正常特性，此種量增價漲的關係，表示股價將繼續上升。

2 股價下跌，向下跌破上升趨勢線、移動平均線，同時出現大成交量是股價將深幅下跌的信號。

3 股價隨著緩慢遞增的成交量而逐漸上漲，漸漸的走勢突然成為垂直上升的爆發行情，成交量急劇增加，股價暴漲，緊接著，成交量大幅萎縮，股價急劇下跌，表示漲勢已到末期，有轉勢可能。

4 溫和放量。個股的成交量在前期持續低迷之後，出現連續溫和放量形態，一般可以証明有實力資金在介入。但這並不意味著投資者就可以馬上介入，個股在底部出現溫和放量之後，股價會隨量上升，量縮時股價會適量調整。當持續一段時間後，股價的上漲會逐步加快。

5 突放巨量。這其中可能存在多種情況，如果股價經歷了較長時間的上漲過程後放巨量，通常表明多空分歧加大，有實力資金開始派發，後市繼續上漲將面臨一定困難。而經歷了深幅下跌後的巨量一般多為空方力量的最後一次集中釋放，後市繼續深跌的可能性很小，反彈或反轉的時機近在眼前。如果股市整體下跌，而個股逆勢放量，在市場一片看空之時放量上攻，造成十分醒目的效果。這類個股往往持續時間不長，隨後反而加速下跌。

6 成交量也有形態，當成交量構築圓弧底，而股價也形成圓弧底時，往往表明該股後市將出現較大上漲機會。

如果說個股是跳舞演員的話，大市就是一個大舞廳，舞廳裡如果沒人氣，那些跳舞演員也會跳得很不起勁，只有幾個敬業的演員在那裡熱身，此時你應該坐在大廳裡觀看，看他們是怎樣練習和熱身的，當某個敬業的演員越練越起勁並有繼續練下去的意思，你就應該為其鼓掌(買進)。之後是賣還是留，還得看個股的形態和成交量。

買股票要有信心，持股票要有耐心，賣股票要有決心！許多人虧錢的原因就是：大漲以後才急忙買股票，大跌以後才慌忙賣股票。現在買賣股票，要學會一個重要的手段，就是觀察成交量。

成交量是行情的基礎，股價漲跌就像上樓梯和下樓梯一樣，我們在上樓時需要克服自身的重力，因此必須用力，想上得快，就需要用更大的力，而成交量就相當於「力」，而且，「力」越大越持久越好。

不虧本投資心法

股市中有量在價先行的說法。成交量是研判行情的最重要因素之一。

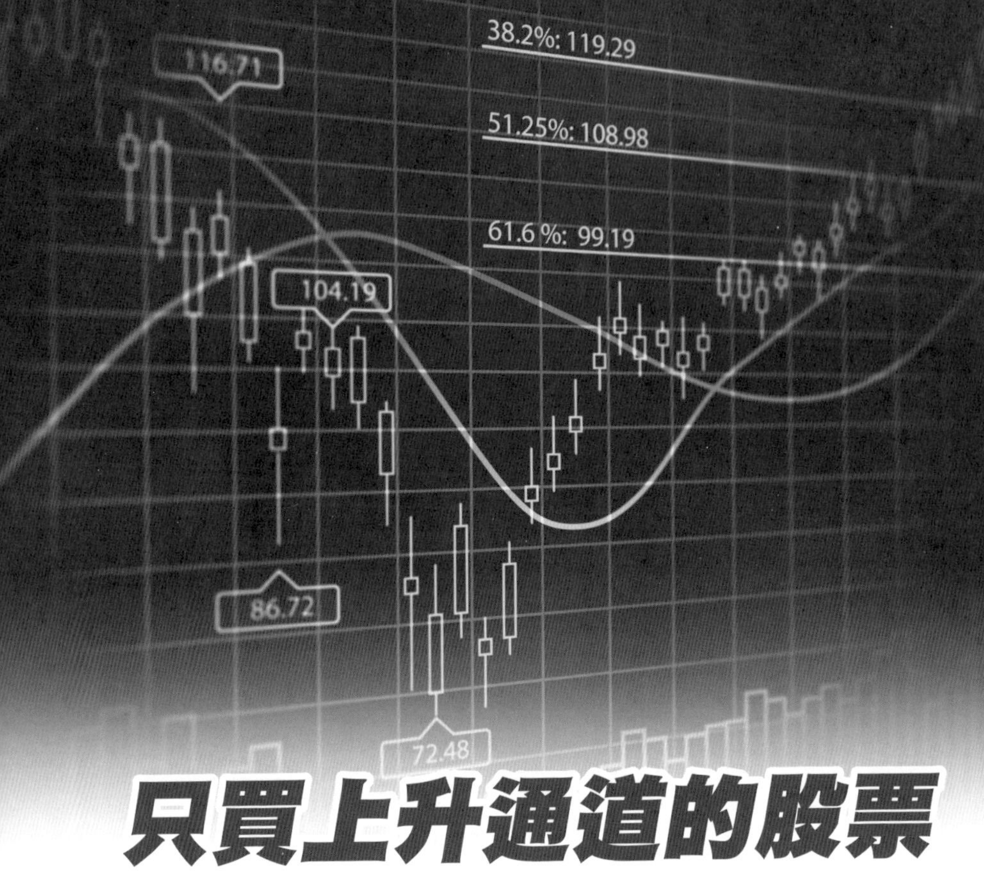

只買上升通道的股票
不買下降通道的股票

炒股只有買入股票，等它上漲，你才有獲利的機會，而股市的特點是強者越強，弱者越弱。走上升通道的股票就是市場的強者，持有它，它可以讓你賺錢；走下降通道的股票就是市場上的弱者，持有它，它會讓你賠錢。所以，只有在戰略上選擇走上升通道的股票，才是制勝的首要條件。記住，只選取主要趨勢向上，正處於上升通道的股票進行操作，決不理會重要趨勢明顯處於下降通道的股票進行冒險。

購買上升通道的股票必須小心注意的地方

上升通道中的股票，即便你買在高位被套住也是暫時的，因為還有更高的價位會出現。沒有最高，只有更高；而下降通道的股票，即便你買在了低位掙了錢也是暫時的，因為還有更低的價位會出現。沒有最低，只有更低。一隻股票之所以會進入下降通道，必定是因為其基本面發生了或即將發生利空的變化，其股價已經偏高，而進入下降通道正是其開始價值回歸過程的表現，你買進入下降通道的股票，尤其是買進剛剛進入下降通道的股票會很可能買在了高位，盡管可能比最高位便宜了不少。那麼到什麼時候才能買這些股票呢？等到它們見底並開始向上啟動、進入上升通道的時候。見底部表明其價值回歸已經到位，其股價已經偏低，而其進入上升通道正是其又開始反向價值回歸過程的表現，這時，你買入股票就不怕再出現短時回調，可以放心大膽地持有了。

對於投資者來說，要購買上升通道的股票，還必須注意以下幾個方面：

1 要注意控制風險

因為一旦上升通道形成時，股票多數已完成吸籌和洗盤，正進入拉升階段，主力隨時有派發的可能，而且這時介入的成本也比較高，所以在進行交易時要有充分的思想準備。

2 要密切注意成交量的變化

在一個完美的上升通道中，成交量的變化應該是放量，相對縮量，最後再放量。在拉升期由於籌碼已集中，成交量不會太大；但在拉升末期，由於莊家要完成最後的出貨，成交量會再放大。所以，在買入上升通道的股票後，一旦看到成交量忽然放大，股票也有一定的升幅，就要小心了。

3 如果通道破壞要及時退出

通道形成後不會輕易被破壞，但通道一旦破壞就要果斷退出，這種現象在那些大於45度的通道中尤為明顯。所以，通道一旦被破壞就要第一時間退出，不要再抱有任何的幻想。因為主力拉升一隻股票，一定要讓投資者對這隻股票抱有信心，所以多數不會輕易打破重要的技術位去挫傷投資者的信心，導致沒有人去接最後一棒，從而使主力被困其中。雖然有時主力也會刻意打壓，但那多是主力在拉升前，為了吸收更多的籌碼或者洗盤，而在高位出現這種現象的情況比較少。

4 應該運用一些技術指標來協助分析

比較有效的是用指標背離的方法來幫助判斷頂部，所謂背離是指股價創新高，而指標卻沒有創新高。這樣的指標有RSI等。股票的走勢形態就是內在的反映，我們完全可以試著放棄所有學到的技術理論，單純地看陰陽蠋圖的形態，只選擇做上升通道的股票，堅決放棄可能既輸時間又輸錢的下降通道的個股！這樣，賺錢的可能性就會更大。

存在的就是合理的，上升的股票總有其上升的道理，只要順勢操作，大多會贏利；下跌的股票也一定有下跌的理由，不要去碰它，盡管可能有很多人覺得它已經太便宜了。

許多人都知道順勢而為，但回過頭來看一看你以前的操作，有多少人真正能做到順勢而為嗎？多數時間在逆操作。多數交易都做得一塌糊塗，只有事後後悔。是我們不明白什麼是順勢嗎？還是我們不清楚什麼是上升趨勢，什麼是下降趨勢？究其原因就貪念促使我們沒能認真貫徹順勢交易的交易原則，沒能把此項規則當成鐵的紀律去執行。其結果往往是慘痛的，既造成資金大幅縮水，又破壞了良好的心態。

不虧本投資心法

買升不買降，是因為一隻股票在上升過程中買入，只有一點是錯誤的(最高點)；而在股票下跌過程中買入，只有一點是對的(最低點)。

不能天真地心存「股價返家鄉」幻想

孫子曰：用兵之法，無恃其不來，恃吾有以待也；無恃其不攻，恃吾有所不可攻也。這段話的主要意思是任何時候都不要抱有僥幸心理，一定要做好敵人進攻的準備。同樣地，在股市中我們也隨時要做好手中股票下跌的準備，而不能抱有僥幸心理。股票有風險投資需謹慎，要想戰無不勝攻無不克，最好別進場，一進場總有輸的一天，總有讓你虧的一天。沒有永遠保持不敗的，輸少少錢不要緊，但你要學習剔除僥幸的心理因素，因為這會極大地影響投資者的分析判斷能力，從而產生操作失誤。

投資者走向成熟的必修課

因貪婪而入市，因希望而等待，因虧損而持的，因小利而放棄；周而復始，錢越來越少，行為卻難以改變。在市場中，在股票不幸被套牢後，持有「最終股價會回來」想法的股民恐怕不在少數。但事實上，最終股價回來的，只是其中的一部分。當大市再度回到原來的位置上時，大多數個股並不會回來，甚至當大市指數遠遠高於原來位置時，個股的股價也不一定能回來。結果，持這種僥幸心理的投資者大多遭受巨大損失。

投資者這種心理有一個共同的特點，就是不願意面對現實，在殘酷的現實面前，他們選擇的不是面對，而是逃避，甚至是陷於幻想之中。比如說，當股市剛剛進入熊市，投資者先是存著僥幸心理「我的股票肯定不會跌的」，當股票真正下跌的時候，又幻想著「我的股票肯定會漲回來的」，當股價漲起來時，又幻想著「它肯定能一直漲上去的」，可是當股價又一輪下跌時，就乾脆採取鴕鳥政策，躲起來唔睇市了，而逃生的機會就在這樣的幻想和逃避中一次又一次的失去了，只能越套越深。

還有一些投資者在虧損以後，不是想著如何總結經驗教訓，而是想著如何才能以最快的速度把虧損補回來，於是就抱著僥幸的心理，把自己的全部資金投進去，想一下子全部把虧損撈回來。這是一種賭徒的僥幸心理，成功者從來不會把自己的身家一把全部押出去。

夢想著一朝發財的人，十有八九都會以失敗告終。可是直到最後，他們還只是以為自己的運氣差，沒有買到大牛股，卻不知正是自己的僥幸心理害死了自己。炒股需要極大的耐心和努力，當然，還要加一點點運氣，但把自己的成功全部押在自己的運氣上，則成功的概率就極小了。

僥幸心理會極大地影響投資者的分析判斷能力，從而產生操作失誤。所以，克服這種心理是投資者走向成熟的必修課。一般來說，投資者只有在空倉的時候，才是完全客觀和清醒的，一旦買入了股票，發財的欲望會使自己很難客觀地看待自己的股票，那時候，手中的股票不僅僅是股票那麼簡單了，在很大程度上它還是投資者的希望，而希望一旦破滅，僥幸心理就會隨之而來。

所以，要戰勝僥幸心理，我們必須在買入股票之前就做好全盤的操作計劃，計劃中必須包括止虧價和止賺價，以及可以加倉和減倉的價位，並且在發覺自己的判斷錯誤時，能果斷止損。這樣才不會在突如其來的打擊中束手無策，也不會在漫漫熊途中越套越深。

用鱷魚法則戰勝心魔

戰勝僥幸心理，我們還可以運用「鱷魚法則」。該法則引自鱷魚的吞噬方式：被咬的獵物越掙扎，鱷魚的收獲就越多。如果鱷魚咬住你的腳，它等待你的掙扎。如果你用手幫忙掙脫你的腳，則它的嘴巴會同時咬住你的腳與手臂，你越掙扎，便咬得越多。

所以，萬一鱷魚咬住你的腳，你唯一生存的機會就是犧牲一隻腳，壯士斷腳。當你在市場中被套，唯一的方法就是拋棄僥幸心理，馬上止損，無論你虧了多少，你越是加碼就將套得越多。

市場永遠是正確的，需要我們內心常存風險意識，盡量避免主觀操作。市場永遠是動態變化莫測的。所以，只有當市場真正發出確定的信號時，抓住這樣的機會才能最大程度上減少止損的比例。在市場中賠錢是交易的組成部分，關鍵是你明天有實力繼續交易。如果抱著「股價最終會漲回來的」想法，不願割肉止損，那就永遠失去了東山再起的機會。

不虧本投資心法

高手心中只有紀律，新手心中常存幻想。股市需要的是理性，幻想往往是最致命的陷阱。

炒股 要睇國家政策

大市是個股的風向標，買進賣出時必須注意大市的臉色，而政策又會影響大市，所以你不可不了解國家政策。政策信息也劃分為利好信息和利空信息。利好政策出台，股民歡欣鼓舞，股價揚頭向上；利空消息出台，股民垂頭喪氣，股價也就掉頭向下。縱觀中國股市十幾年來的每一次起落，每一次波動，無論大市是上沖，還是直下，我們無一例外地看到，政策在其中起了關鍵性的主導作用。港股受大陸股市影響，所以其政策不可忽視。

引起投資決策變化的重要因素

很多不同的消息，都可以是影響股市波動的重要因素，其中政策信息的影響力最大。不管這些政策信息出發點如何，落腳點在哪，都可以成為引起投資決策變化的重要因素。

股市政策主要包括對股市的基本政策和具體政策兩個方面。通常而言，基本政策是長期的，如國家對股市發展是支持還是限制，是穩步發展還是加速發展，等等。就中國來說，國家鼓勵和支持股市發展的基本政策是一貫的，也是不會改變的。

股市政策的第二個方面是具體政策。在基本政策已經確定的情況下，股市具體政策變化，雖然不能最終改變股市的發展方向，但卻能暫時改變股市或個股的發展進程。中國股市十幾年發展的歷史清楚地表明，每一項涉及股市的具體政策出台後，都會有一波或大或小的股市波浪；而每一次股市起與落的後面，我們也都能看到政策的影子。

石油股和內房股

中國財政部頒令向石油企業徵收「石油特別收益金」(俗稱暴利稅)，當油價升至每桶60美元或以上，開發原油的稅率達40%，嚴重地限制相關石油股的利潤。通過徵收石油特別收益金，可以調控石化企業高利潤，支持弱勢產業和弱勢群體，達到用之於民的目的。

其中中石油(0857)、中石化(0386)業務因涉及中下游成品油，受國家政策影響較大，股價升幅難貼近油價；而中海油(0883)業務主要採油，受限價措施影響較少。

有關內房，中央已開始加以調控，既抽緊銀根，又推出嚴格二套房貸(即提高對第二個或以上物業按揭的審批要求)。加上政府嚴格打擊發展商囤積土地，亦令部份發展商減價求售，這對於內房股股價構成一定壓力。在房地產市場形勢穩定的情況下，一旦政策壓力緩解，地產股就可能在低估值情況下出現反彈。同時，也需要隨時關注房地產調控政策的動向，在反彈過程中一旦遇到政策方面的負面消息或利空，將會對地產股的走勢短期帶來不利影響。

選擇政策支持股

國家政策對股市的運行有重大的影響，受到國家政策支持的行業，更容易得到市場認同。例如，能源、通訊等公用事業和基礎工業受國家特殊保護，發展穩定，前景看好，應當予以關注。再比如，金融業目前在中國尚屬一個政府管制較嚴的行業，投資金融企業就整體而言能獲取高於社會平均利潤率的利潤。

需要補充的是，利用政策掘金時，除了用行業板塊選股外，還經常要用區域板塊來選股。由於各地區經濟發展狀況不一樣，政府部門對不同地區上市公司的態度及具體政策有差別。

地區性的利好政策會使得一定時期內某一地區上市公司的走勢顯示出很強的聯動性。

最明顯的例子莫過於在西部大開發的國家戰略決策下出現的「西部概念」板塊。因此，投資者應適當關注區域經濟發展的差別，特別是區域經濟政策明顯的新變化，從中把握市場熱點。值得注意的區域板塊除了西部板塊外，還有京股板塊、少數民族地區板塊、福建板塊等，這些地區由於其特殊性，經常受到國家政策的扶持，而且中小企業也比較多，很可能會得到地方性政策優惠。

世界股市政策

實際上，世界各國的股市也都無一例外地要受到政策的影響，美國股市不是同樣要看美聯儲的眼色行事嗎？股市是一個高風險高投機的場所，沒有政策的調控顯然也是不可想象的。作為股民，如果不對政策信息保持高度的敏感性，不牢牢地把握政策的脈搏，甚至逆政策而動，則無疑會損失慘重。對政策信息保持高度的敏感性是投資者必備的基本功之一。只要投資者能緊跟國家政策的腳步，就能有效地避開虧損，提高獲利的能力。

不虧本投資心法

了解國家政策，分析宏觀經濟走向，才能看清大勢。

重視股票的換手率

換手率也叫周轉率，指單位時間內，某一股票累計成交量與可交易量之間的比率，是反映股票流通性強弱的指標之一。換手率所反映的股票情況比較客觀，有利於橫向比較，能準確掌握個股的活躍程度和主力動態。換手率可以幫助我們跟蹤個股的活躍程度，找到「放量」與「縮量」的客觀標準，判斷走勢狀態，尤其是在主力進貨和拉升階段，可以估計主力的控籌量。

換手率要注意的地方

對成交量進行分析是實際操作中很重要的一個方面。由於個股流通大小不一，成交金額的簡單比較意義不大，所以在考察成交量時，不僅要看成交股數的多少，更要分析換手率的高低。換手率是指在一定的時間範圍內，某支股票的累計成交股數與流通股的比率。對於換手率的觀察，投資者最應該引起重視的是換手率過高和過低時的情況。過低或過高的換手率在多數情況下都可能是股價變盤的先行指標。

換手率計算公式為：

周轉率（換手率）=（某一段時期內的成交量）/（發行總股數）x100%

例如，某只股票在一個月內成交了2000萬股，而該股票的總股本為一億股，則該股票在這個月的換手率為20%。

具體來說，換手率的高低往往意味著這樣幾種情況：

1 換手率的高低表明在特定時間內一隻股票換手的充分程度和交投的活躍狀況。股票的換手率越高，意味著該隻股票的交投越活躍，人們購買該隻股票的意願越高，屬於熱門股；反之，股票的換手率越低，則表明該隻股票少人關注，屬於冷門股。

2 換手率的高低還是判斷和衡量多空雙方分歧大小的一個重要參考指標。低換手率股價一般會由於成交低迷而出現小幅下跌或步入橫盤整理，這表明多空雙方的意見基本一致。高換手率則表明多空雙方的分歧較大，但只要成交活躍的狀況能夠維持，股價一般都會呈現出小幅上揚的走勢。

3 將換手率與股價走勢相結合，可以對未來的股價作出一定的預測和判斷。如果換手率高伴隨股價上漲，說明資金進入的意願強於退出的意願；換手率高伴隨股價下跌，則說明資金退出的意願強於進入的意願。

如果某隻股票的換手率突然上升、成交量放大，則可能意味著有投資者在大量買進，股價可能會隨之上揚。如果某隻股票持續上漲了一段時期後，換手率又迅速上升，則可能意味著一些獲利者要套現，股價可能會下跌。對於高換手率的出現，投資者應該區分的是高換手率出現的相對位置，如果此前該股是在成交長時間低迷後出現放量且較高的換手率能夠維持較長的時間，通常可以看做是新增資金明顯介入的一種跡象，此時高換手率的可信度比較高。

由於是底部放量，加之是換手充分，因此此類個股未來的上漲空間應相對較大，成為強勢股的可能性也很大，投資者可對這些個股作重點關注。如果個股是在相對高位突然出現高換手且成交量突然放大，通常而言是下跌的前兆。

4 換手率是投資新股時的一種重要的參照指標。新股上市首日換手率高表明買賣較活躍，有主力資金介入，意味著後市將會有較好的表現。如果換手率偏低，主力資金難以積聚籌碼，後市將面臨震蕩反覆的疲軟走勢，直至完成籌碼交換過程之後才有機會表現。

換手率高通常意味著股票流通性好，進出市場比較容易，不會出現想買買不到、想賣賣不出的現象，具有較強的變現能力。換手率較高的股票，往往也是短線資金追逐的對象，投機性較強，股價起伏較大，風險也相對較大。因此，投資者可根據以上幾條原則，認真分析，以便確定安全的投資策略。

換手率的重要性不言而喻，關鍵是要從它的變化中發現投資的機會。

從換手率變化中發現投資機會

挖掘領漲板塊首先要做的就是挖掘熱門板塊，判斷是否屬於熱門股的有效指標之一便是換手率。換手率高，意味著近期有大量的資金進入該股，流通性良好，股性趨於活躍因此，投資者在選股的時候可將近期每天換手率連續成倍放大的個股放進自選或者筆記本中，再根據一些基本面以及其他技術面結合起來精選出其中的最佳品種。

首先要觀察其換手率能否維持較長時間，因為較長時間的高換手率說明資金進出量大，持續性強，增量資金充足，這樣的個股才具可操作性。而僅僅是一兩天換手率突然放大，其後便恢復平靜，這樣的個股操作難度相當大，並容易遭遇騙線。

另外，要注意產生高換手率的位置。高換手率既可說明資金流入，亦可能為資金流出。一般來說，股價在高位出現高換手率則要引起持股者的重視，很大可能是主力出貨(當然也可能是主力拉高建倉)；而在股價底部出現高換手則說明資金大規模建倉的可能性較大，特別是在基本面轉好或者有利好預期的情況下。

投資者操作時可關注近期一直保持較高換手，而股價卻漲幅有限(均線如能多頭排列則更佳)的個股。根據量比價先行的規律，在成交量先行放大，股價通常很快跟上量的步伐，即短期換手率高，表明短期上行能量充足。形態上選擇圓弧底，雙底或者多重底，橫盤打底時間比較長，主力有足夠的建倉時間，如配合各項技術指標支撐則應該引起我們的密切關注！

不虧本投資心法

換手率在市場中是很重要的買賣參考，應該說這遠比技術指標和技術圖形來得更加可靠。

反敗為勝關鍵 善待自己的蟹貨

常在河邊走，那有不濕的鞋？只要是炒股的人，都會有過股票被套的經歷。被套是一種痛苦的事情，面對被套牢的股票，大多數人會心急如焚，怨恨滿腹，後悔選錯了這隻股票。他們恨不得把它打倒在地，再踩上一腳，讓它永世不得翻身，甚至是「千刀萬剮」。實際上，對於套牢自己的股票，這樣做沒有任何意義，只會使自己的心態更壞，使自己理性的成分更少。寬容地對待套牢自己的股票，也許對自己更為有利。

投資大師蟹貨處理必殺技

巴菲特可以成為股神的一個重要理念是：要想讓你的錢更好地為你工作，你必須時刻善待它們，它們才會真誠地回報你。可見，我們要想賺錢，要想解套，就要善待股票，善待套牢自己的股票。

從更深層次上說，善待套牢自己的股票，就是要善待自己所犯的錯誤。不少投資者往往羞於承認自己的投資過失，不承認自己選錯了股票，把套牢的責任歸結於股票不好。而把自己投資獲得的戰果則四處大力宣揚。其實，這有點像賭徒心理，投資出現損失，這是很正常的現象，就連投資大師也很難回避。

據資料顯示，很多國際投資大師買完就套的次數多於買了就漲的次數，甚至很多技術派大師失敗的買賣交易多於成功的買賣交易。然而他們最終成為投資大師的奧秘是什麼呢？謎底就在於他們處理套牢的股票的方法和我們一般投資者處理的方法不一樣。

可以說，投資不成功往往不在於選股，很有可能是操作上的問題，或者說得更明確一點，是對被套個股的態度，以及處理的方法。那麼，對於投資者來說，該怎樣對待套牢自己的股票呢？

1 心態一定要平和

既然已經套牢了自己，沒有必要心急火燎，吃不下飯，睡不著覺，整天怨氣沖天。因為股票不會因為你這樣而漲上去。這種時候，冷靜、理性才是最正確的態度。

2 積極採取補救措施，關注股票的基本面

密切關注股票的基本面變化情況。股票的基本面變化了，股票的市場價格也會發生變化。而一旦這種基本面變壞了，那麼股票的價格還會再下一個台階，而遇上大勢不妙時，這種跌幅將會更大。

因此，密切關注股票基本面變化情況的投資者，此時就可以及時止損出局，待股價下了一個台階後再重新買回也不遲。一般說來，這種股票的基本面可包括兩部分，一是上市公司的基本面；二是莊家的進出情況。

3 密切關注股票價格的變化情況，把握住逢高減磅的機會

許多投資者往往習慣於那種一氣呵成的解套方法，比如，我30元買進的股票，結果跌到了20元，後來漲到30元上方來了，這才叫解套。不能說這不是一種解套的方法，但這種方法很被動：往往只適用於大牛市來臨的時候，而在熊市或平衡市裡根本就不適用。況且，這種一氣呵成式的解套，往往需要很長的時間，因為股票不可能跌了以後就馬上漲上去。實際上在熊市或平衡市裡更應該把握住在相對高位出貨的機會。

4 要敢於在底部加倉

在底部加倉是攤薄投資成本、增加解套機會的一個有效方法。然而，很多投資者敢於持有高位買進的股票，但在低位甚至是底部卻不敢加倉，有一種套怕了的感覺。其實這是最不可取的，也是最碌碌無為的。

實際上，在底部來臨的時候，作為投資者來說，就要大膽加倉，爭取股票的早日解套。那怕就是一個短期底部，只要是可以確認這個底部的成立，短線介入，賺它個5%-10%總比不賺好許多。這樣介入幾次，就會大大減少被套的損失。

有財經分析員相信，如果太多蟹貨的股票，日後都好難再炒上，因為當股價升回去某個價錢(即係「蟹貨區」)，大批先前用呢個價錢買入呢隻股票的投資者就會爭住賣出套現，造成股價又跌過，搞到股票好難再炒上。不過，只要投資者善待套牢自己的股票，才更有可能減少損失甚至獲得盈利。以德報怨是一種炒股的美德。不要因怨恨套牢自己的股票而採取不理智的行為。

「拎得起放不抵」的人要注意

蟹貨投資者，又稱為蟹貨客，作為蟹貨客的心情都不好，因為後悔曾經買錯貨，損失機會成本，見有其他投資好機會也沒有多餘現金買，患得患失，不知手上的蟹貨何日到家鄉。

唔好計投資策略及態度，做人有時都要著重身心健康，尤其是那些「拎得起放不抵」的人，錢虧了事少，最緊要「睇開D」，不要隨便做傻事。從身心健康的角度，對於一身蟹貨，心情比較低落卻未致於需要求醫的股民，有專家建議以下3點，先處理最急的事及疏導負面情緒。

應以平常心去面對，賬面上的損失已存在，也改變不了，就當作是壞賬吧！大家可分3個情況來看，第一若你還有錢的，還未輸光的，應抱著「半杯水理論」，同樣的半杯水，不要在乎你虧了多少，反而該從另一個角度看還你還餘下多少。

第二若你已輸光了，既然已跌至谷底，還有甚麼好怕呢？這時你該遠離所有負面的新聞；第三，也是最慘的情況，若你輸光還欠下一身債的，現在該跟家人商量還債之事，其他的也可放在一邊，實務的事還是最重要，不斷在自怨自艾並不能幫助你脫困，一個人的能力始終有限，找人幫忙才是上策。輸錢不輸心態，還會有翻身的希望；贏錢驕傲自滿，等待的便是失敗。總言之，心態好，股海如美麗仙境；心態壞，股海如無邊苦海。

不虧本投資心法

善待套牢自己的股票，就是給自己希望。

不要去估個底在那裡
而要時時警惕個頂係邊到

對於投資者來說，學會抄底雖然很重要，但是相比之下，能夠學會逃頂又是遠遠地勝過抄底。因為一旦上漲趨勢形成以後，你在相對高價買入還能在更高的價賣出，無非是買入的成本高一些；但是一旦下跌趨勢形成以後，如果你在高位不能及時、迅速、敏捷地逃頂的話，那麼一旦被套牢，則又是非常被動和痛苦的事情。買入股票時要有像在銀行存錢那樣的心態，一年下來能有超過銀行利率的收益就知足，有一顆平常心，說不定會獲得意想不到的收益。

彼得・林奇的刀仔法則

抄底是一種股票投資策略。許多投資者總是認為自己能找到底部，並勇敢地抄底。結果，被變化莫測的股市牢牢地套住了。彼得・林奇認為抄底具有很大的風險，想要抄底買入一隻下跌的股票，就如同想要抓住一把直瀉而下的飛刀，最終會讓飛刀把手割得鮮血直流。

他認為更穩妥的辦法是，等刀落到地上後，扎進地裡，搖晃一陣後停止不動了，這時再抓起這把刀子也不遲。如果投資者想要抓住一隻迅速下跌的股票抄底買入，極有可能不但抄不到底，還會造成虧損，因為你在錯以為是底部的價位買入，其實根本不是底部，離真正的底部還遠著呢，這時出手是嚴重地選錯了時機。對於總是自作聰明，認為自己能找到底部，並盲目地貿然出擊的投資者，股市常常會給予教訓。

在頂部被套所造成的痛苦遠比抄底賺錢的快樂更為強烈。所以，投資者不要急著去尋找底部在那裡，而要時時刻刻警惕頂部在什麼地方。那麼，投資者該如何逃頂呢？

要勝利逃頂，首先要對逃頂有深刻的認識。一般認為未能逃頂的股民大都是貪心所致，這種說法並不全面。確實不應排除貪心是導致不能成功逃頂的重要原因，但對頂的認識模糊，身在頂部不知頂也是很重要的原因。

普通投資者最容易犯的毛病一是錯把腰部當頂部，二是身在頂部不知頂。僅僅克服貪心還不夠，更重要的是要能識別頂部和正確的掌握逃頂時機，把兩者結合起來，才能做到成功逃頂。

避險判斷大市頂部的方法

有的投資者總想賣在最高點，以求盈利最大化，豈不知賣在最高點是永遠辦不到的理想主義空想，最高點往往稍縱即逝，其概率可以說是無窮小。所以，逃頂並不是逃某一最高點，而是在頂部區域賣出股票。因此，只要判斷到了頂部區域，這時任何價位賣出，都算勝利逃頂。判斷頂部，我們可以從以下幾個方面來確定：

1 根據移動平均線系統判斷

5日線下叉10日線，則頂部逐漸形成。若5日線下叉10日線，且10日線又下叉20日或30日線，形成三角形下壓區則更有效。另外出現一根長陰斬斷三條移動平均線，30日均線由走平漸成下滑趨勢等也都是頂部跡象。

2 根據陰陽蠋線組合判斷

常見的見頂陰陽蠋線組合有十字線、T形、倒T形、陰包陽、川字形、並列線等。尤其是在強勢途中一般末升浪常常是連續性長陽或出現三次缺口，即便回擋最多出現一根陰線，若連續出現兩根陰線，表明拋壓漸現，離頂部不遠了。

3 根據成交量的變化判斷

量能是決定股價漲跌的靈魂，股價見頂大都是獲利盤積攢了較大的空頭能量，使多頭買意漸乏，無力再將股價推高所致。此時便會出現價增量滯或量增價滯的現象，表明拋壓漸現頂部即臨。無論中長期或短期頂部，大都頂部形成前放出大量，頂部形成後量即漸減。

4 根據走勢形態的變化判斷

如走勢圖呈圓頂形態顯示股價上漲乏力，不再按原先的陡峭角度持續上行而逐漸走平，震蕩加劇，陰陽交錯，陰陽蠋線常帶上下影線。形態上呈圓弧狀，此種頭部維持時間較長，需數天時間才能構築完成，較易識別。還有頭肩頂、M頭等都可作為判斷頂部的依據。

5 根據趨勢和通道判斷

當股價跌破已形成的上升通道下軌，結合移動平均線和陰陽蠋線如同時出現見頂跡象，則真正見頂的可能性比較大。當然，對頂部的識別，不能單獨使用一種方式來判斷，如果能結合幾種方式共同確定頂部的到來，則準確率會更高。

6 最後要能把握逃頂的時機

掌握了識頂的技能，如果不能把握逃頂的時機，那也是枉然。有人喜歡在頂部形成前出局，有人願意在頂部形成後再出逃，何時逃頂見仁見智，常常因人而異。

穩健的投資者，往往只求「吃段魚身」，捨棄「頭尾」，當見到股價上漲乏力，頂部跡象初現時便出局。

頂部的形成除倒V形反轉外，大都持續一段時間，當連續出現大量甚至天量(與歷史圖形相比而言)，便立即出逃，不再等天價的出現。有人願意等頂部形成，5日線下叉10日線，甚至出現一根長陰後再出逃。前者的好處見好就收風險小，後者的好處是可以多獲得一段盈利。不管是那一種做法，只要自己能熟練地掌握，並適合自己的操作風格，都是不錯的逃頂方法。

當人們在所有的場合談論得最多的話題就是股市人人賺錢，個個獲厚利，眉開眼笑，歡欣鼓舞之時，手中有現金的人，沒現金而借貸的人，都生怕踏空，迫不及待奔向股市，爭相買進。但物極必反，當人們朝相同的方向至極點之時，往往是朝相反方向轉換的前奏，聰明人應在此時清倉出局，轉身而逃。適可而止，你賺多了別人就沒賺或虧本，留點利潤讓別人去賺吧。知足常樂，妄想乘勢追求最高獲利，最後必導致大失敗。總之，投資者要把逃頂放在抄底的前面，先學會逃頂，再學習抄底。成功地抄底與逃頂是衡量一個投資者操作水平高低的重要依據；而逃頂則是重中之重。

不虧本投資心法

逃頂比抄底更重要。抄不到底，最多不賺錢，而逃不了頂，則有可能血本無歸。

弱勢確立
不宜搶反彈

有的股民善於搶反彈，可能屢試不爽，成為搶反彈高手。實際上，這可能是最危險的玩火游戲，肥皂泡在陽光下可以閃閃發光，固然很美麗，如果想收集肥皂泡到籠子裡來，那麼這種想法就過於天真了，因為肥皂泡由於其美麗而不自恃，妄自膨脹，稍一上升，即告破裂。考慮買入某隻股票時，不要過份衝動地急著去買，今天買不成，還有明天。當忍不住升的誘惑，或忍不住跌的恐懼時，最好到市場外散散心。

善用技術指標

因此，與其與幼童般玩弄肥皂泡，以吹泡為樂倒不如在一邊欣賞為好。如果投資者貪戀肥皂泡的美麗，垂涎市場上的殘羹冷食，貿然進入，被套概率是非常高的，這會讓你處境艱難，成為一輪行情最大的輸家。就是僥幸不虧，利潤也會非常微薄，收益和風險不成比例，何苦自尋煩惱呢？

參與反彈行情需要注意對時機的把握。反彈行情的特點是行情起落較快，往往稍縱即逝，如果介入過早，容易造成套牢，有時即使後市出現反彈高點也不能解套。而如果介入過遲，則往往會錯過最佳的買入價位，從而失去參與反彈的投資機會。對於反彈時機的把握重點依賴兩方面：一方面是投資者平時短線操作經驗的積累；另一方面是依靠技術指標的客觀判斷。

善用技術指標

參與反彈行情時，在技術指標方面應重點要考慮三要素：數值超賣、低位鈍化和指標組合。只有在技術指標出現超賣、鈍化現象，並且有多項不同的指標出現同步見底特徵時，才是最佳的搶反彈時機。

參與反彈行情要重視對趨勢的研判。不僅要研判個股股價的漲跌趨勢，還要睇市場整體運行趨勢。

反彈行情雖然是種短線操作方式，但參與反彈行情必須建立在對市場整體趨勢有清晰認識的基礎上。正常情況下，大多數個股的運行趨勢是與市場整體運行趨勢大體同步，因此，搶反彈不能僅僅盯著眼前的蠅頭小利，一定要認清大勢所趨。當大盤未來還有較大下跌空間或市場趨勢不明朗時，堅決不能參與反彈行情。

由此可見，搶反彈也需要有長遠眼光。對趨勢的研判要立足於長遠，如果市場趨勢從長遠看是向上的，即使股市近期仍有波折，也可大膽參與。另外，對個股的短線操作也一定要建立在該股具有長線向好的基礎上。這樣，可以大大提高搶反彈的成功概率。

參與反彈行情之前，要估算風險收益比率。當個股反彈行情的風險遠遠大於收益時，不能輕易搶反彈，只有在預期收益遠大於風險的前提下，才適合搶反彈。此外，還要關注大盤，只有在大盤的上漲空間遠遠大於下跌空間時，才能參與反彈。

搶反彈鐵律

總之，搶反彈的風險非常高。散戶一定要牢牢記住：絕不輕易搶反彈，水平高的投資者，可以少量資金快進快出搶反彈。如果不幸套牢也必須堅決在第一時間割肉斬倉止損出局，這是炒股鐵律。絕對不能對該股票抱有上漲的幻想，繼續持有或逢低買進。同時經常搶反彈也會養成不注重操盤質量的盲目操作惡習。這將使你永遠不能晉升成為炒股高手。面對下降通道中的反彈，散戶可採取如下具體的策略：

1 盡量不參與搶反彈。

2 如果實在忍不住誘惑，參與反彈前，就要做好虧損的準備。

3 頭天搶進去，過兩三天沒實質性反彈動靜，則必須割肉出來，否則越套越深。

4 如果搶進去，第二天即使只有微利，也必須及時了結，絕不可太貪心。

5 搶反彈時，宜用少量資金參與，絕不能全倉買入。對於反彈行情，投資者可以適度參與，但要遵循審時度勢、見好就收的基本原則。絕不能心存幻想，貪得無厭。

文武之道，一張一弛；買賣股票應忌貪戰、戀戰，更忌打持久戰。適當的休息是為了更好地迎接。總之股市「三個五」你要知。五項原則：一要穩、二要準、三要等、四要狠、五要忍；五種忌諱：一忌貪、二忌怕、三忌急、四忌悔、五忌拖；五個條件：知識、耐性、膽識、健康和資本。貪與貧不僅僅是「一點」之差，而只是一念之差。

不虧本投資心法

下降通道搶反彈，無異於刀口舔血，得不償失！

精選個股
把握三大方向

好股票的發現需要通過對大量股票的研究和對比，需要精挑細選。買股票靠手氣，或一聽到別人說好就不顧三七二十一買入的人，也許能讓他「偷到雞」一兩回，但買錯的時候絕對多得多。你最好記住股市「三位一體」：技術、原則和人性。三者密不可分，缺一不可。技術所解決的是「怎麼做」的問題，原則所解決的是如果做錯後「怎麼辦」的問題，而人性所解決的則是能否嚴格執行原則的問題。

選股要注重三性

選股是一件相當複雜的工作，但又是投資者不能不做的工作。非常簡單的道理，投資者要在股市裡獲利，最基本的就是要選好股票。如果選的股票是劣質股、問題股，且不說賺錢，虧損則在所難免。在股市裡，如何選擇有增值潛力的股票和如何避開不好的股票，是股民必須認真考慮的問題。有的人對此不以為然，總認為在大牛市裡，只要跟莊走就能賺錢，不在乎選什麼股票。事實上，股市成功者，大都是因為選股細心，而股市敗將，大都是選股錯誤。

巴菲特何以能笑傲股林，幾十年不敗。除了擁有正確的方法、良好的心理素質外，還和他在選股時那股認真是分不開的。據說巴菲特每天要堅持閱讀十份報表。這樣一年下來就是3600多份。而巴菲特一年投資的股票也不過幾隻。選股之精就可想而知了。

巴菲特曾經作過一個形象的比喻：就好比你有一個只能打20個孔的打孔帶，每做一次投資就打一個孔，一輩子剛好打滿這20個孔。正是通過這樣的精挑細選，巴菲特才能選出可口可樂、吉列、華盛頓郵報、大都會這樣一批讓人一旦擁有就別無他求的好股票。

在現實生活中，我們到商店裡買東西，哪怕是幾分幾毛錢的針頭線腦，也要仔細檢查，認真比較，生怕買了假貨劣貨。

不可思議的是，許多股民花幾萬幾十萬元買股票，卻是那樣地隨便、草率。有的股民連發行這隻股票的公司是幹什麼的都不知道，更不用說了解它的財務狀況與經營業績。

有的股民說，他看哪隻股票的名字起得順眼就買哪隻股票；有的股民說，他看這天哪只股票上漲就買哪隻股票；更多的股民則是聽股評家推薦、聽親友介紹、聽股市傳聞......真正像我們到商店裡買東西那樣認真挑選的不多。正因為如此，股市中才出現大批虧得一塌糊塗的股民。

所以，股民進行股票投資的時候，一定要精選個股，對目標股票了解透徹，決不能草率行事。那麼，對股民來說，該如何精選個股呢？整體來說，股民選股要遵循接下來的幾個原則。

一般來說，投資者選擇股票時必須注意三點：安全性、有利性、流動性。安全性是指確保投資者在收回本金並獲得預期收益方面的特性；有利性是指投資者獲得利息收益和資本增值收益的可能性；流動性是指股票隨時變現的能力。不同的股票在這三個特性上是有差別的。

通常而言，影響安全性的主要是從投資到收回本金之間的不確定因素，投資者必須了解上市公司的資信等級、財務狀況、獲利能力以及發展潛力等情況，股票的安全性與發行公司的經營密切相關。由於時間越長，不確定的因素變化越大，長期股票的安全性就小於短期股票。

而有利性往往與安全性相衝突，風險越大的股票，其可能獲得的收益也相應較大。股票的流動性好壞對投資者非常重要，它可以及時滿足投資者對資金的一時急需，使股票投資具有靈活性。

選股不在多而在精

成功者的經驗告訴我們，選股要少而精，不要四面出擊，見異思遷。這樣做的好處是：

1 合理運用資金，減少投資風險

若同時做多隻股票，則「貪多嚼不爛」，資金調度就會捉襟見肘，力不從心。專一做一隻或兩三隻股票，資金相對寬裕，一旦被套，可調後續資金入場，採用「攤平法」解套。

2 精力集中，減少失誤

手中抱有多種股票者容易分散精力，顧此失彼。有行情時手忙腳亂，若忙中出錯則會造成不必要的損失。有的投資者只要有人說哪隻股票好就去買，結果買了一大堆股票，真正賺錢的卻不多。況且股票種類買多了，你就沒有充裕的時間與精力對每隻股票的走勢進行觀察，更不用說認真研究其財務狀況和經營狀況了。

3 情況熟悉，便於操作

專做某一兩隻股票，時間久了，對其走勢、股性了如指掌，何時進何時拋心中有數，自然就會勝多敗少。應該說明的是，這裡所指的「專一」是相對的、階段性的，並非一定要「從一而終」，非某股不炒。

4 選股要靈活多變

選股「靈活多變」就要求順勢而為，以適應市場的變化。比如在股市上漲期，雖然滿盤飄紅，但個股之間的漲幅都有很大差異。在一輪上漲行情中，那些熱門股、績優股的漲幅往往強於大市。

因此上漲期選擇熱門股、績優股往往回報豐厚。而調整期是莊家股最活躍的時期，在調整期炒莊股常有意想不到的收獲。在股市下跌期所有的股都在劫難逃，但跌幅卻有深淺之分。新股無頂亦無底，在此期間炒老股則相對安全一些。如果是做中長線投資，應選擇那些具有成長性且無政策性風險的股票。如果是做短線投資以賺差價為主，則可選擇那些上下振幅大的熱門股參與炒作。

投資者個人情況不同，選擇的股票也有差異。一般來說，比較繁忙的在職人員比較適合選擇穩健型成長型的公司股票，這類股票能帶來豐厚的利潤，又無須頻頻光顧市場佔用寶貴時間；有大量空閒時間並且有多餘資金的家庭婦女，則可挑選一些小型績優股低進高出，做做短線；專業炒家同時具備了冒險精神和優厚資金，可根據敏銳的市場感覺適當介入一些投機股；而那些已經退休、餘錢多的老者一定要選擇那些資本雄厚、獲利相對穩定的藍籌股做投資。

總之，選股要精挑細選，掌握技巧，絕不可盲目跟風，草率行事。重視選股，掌握技巧，認真仔細，才會選到真正值得投資的股票。

唔好只睇股價去「揀便宜貨」

股票和其他商品一樣，也是一分錢一分貨，切莫貪圖便宜購入質素太差的低價股。貪戀便宜是炒股的一個心理誤區。俗話說：「便宜沒好貨。」便宜的股票，往往不能使投資者賺到錢。但是，有些股民，特別是新股民判斷一隻股票是否值得買，經常會犯這樣的錯誤：首先看這隻股票的股價，如果股價只有一兩蚊的，就會認為這隻股票便宜且安全，買進應該沒什麼風險（因為成本少，心理上輸了也好像沒有什麼大壓力），如果股價超過了30元，就萬萬不敢碰了。看股價高低自然沒錯，但股價只是最表面的，也是最富欺騙性的東西，它的高低並不和安全程度成正比。

一隻股票價格是否便宜，是相對於股票的內在價值而言的，要求投資者要對其作出客觀的分析。如果股票的市價低，但其內在價值若更低，則這種股票價格還是高；如果股票的內在價值高，雖股票市價高，但仍可以說是便宜的。

從一個長的時期來說，股票市價大體上是與股票的實際價值一致的，而股票的實際價值又是由上市公司的經營狀況和資產的增減來決定的。所以，上市公司經營好壞對股價的影響是決定性的、長時間的。因此，對於有些股票，即使市場價格再便宜，也要審慎買入。

由外部因素導致股價便宜的現象，一般是比較短暫的，隨著這些因素的消失，股價會回歸本來的價值。如果只睇股價，一味地追求便宜貨，就極有可能買進實質很差的股票，到頭來只會虧得血本無歸。所以，投資者不應有盲目地「越便宜越買」的錯誤心理。

為了減輕操作上的心理干擾，克服炒股貪戀便宜的毛病，投資者在實際操作時，可採取分批買賣的方法。當股票已進入低價區時，即可分批買入，陸續買進，如此可買進較多數量的低價股，期待豐盛的利潤。而當股價已進入高價區時，即可逢高分盤賣出，漸次獲利了結，落袋為安。

投資者選擇股票時，不但要考慮股票的價格，還要分析股票的內在價值。不能單看價格，貪圖便宜，將垃圾股當潛力股買入。

不虧本投資心法

閉著眼睛買東西，有可能買到劣質的貨物；閉著眼睛買股票，則有可能買到劣質的股票。

股票賣了才大漲怎麼辦

見好就收，保持戰果，需要機智和忍耐想配合。不少投資者在買賣股票的時候會犯這樣的錯誤，認為已經賣出去的股票，若再買回來，未免「太沒面子」了，因為這表示自己原先的判斷有問題。他們認為，好馬應該有骨氣，不吃回頭草。賭氣是最不健康的心理，一氣之下，容易不管三七二十一，全進全出，該買不買，該賣不賣，結果必敗。總言之，僥幸與猶豫在股票市場都不好。僥幸是加大風險的罪魁，猶豫則是錯失良機的禍首。

總有90%的投資者會出現心理障礙

通常一個人在賣出股票後，就一心希望股價立刻下跌，最好是那家公司第二天就關門大吉。但若不跌反漲，則會傷心不已。以後股票漲得越高，心中便會恨得越深，怎麼可能有再買回來的心情？

在這裡，投資者必須認清，投資的目的是為了賺錢，並不是為了爭得面子。既然自己以前判斷錯了，就要及時改正。如果賣出後它還繼續漲，就該以全新的心態來面對，忘掉過去，用平常心來重新判斷它是否仍有漲升潛力，如果有，那麼不必覺得不好意思，再把它買回來。

總有90%的投資者會出現心理障礙，不會再買回自己已經賣掉的股票，這真是大可不必的。賣掉的股票，誰說不能再以更高的價位買回來，因為這只是另一次的投資而已。投資者應該勇敢地「吃回頭草」。

其實，對於股民來說，吃「回頭草」是一種比較安全穩妥的炒股方法。一方面，既然是吃得「回頭草」，想必那股票已是自己熟悉了的，從其公司的發展狀況到股票的股性，炒這樣的股票無疑是最讓人放心的了，這也就是人們通常所說的炒自己熟悉股票的道理了。

另一方面，既然是吃「回頭草」，那麼，股票的價格必定是「回頭」了的，也即是股價從高處回落到了低處了，此時股票的風險已在一定程度上得以釋放，此時再吃進來，也就是人們通常所說的「高拋低吸」的道理了。

有這樣一位股民，可算得上是一位專吃「回頭草」的高手。他每年炒著的股票數不會超過10隻，而他的資金就在這10隻股票上跳來跳去的，A股票的價格低了，他就將A買進來，B股票漲到一定高位了，他就將B賣出，又買進低位的C股票，就這樣他每年在股市上的收益都是三四倍的增長。其實他的手中並沒有什麼大黑馬，他的操作手法也沒有固定為中長線或短線之類。

由此可見，吃「回頭草」的辦法不失為在股市中盈利的一個好的投資方法。因此，作為股市中的投資者來說，不妨放下面子的顧慮，改正自己的錯誤，勇敢地買回已經賣掉的好股票。投資市場上，實實在在的收益比虛無的面子更重要。

對於投資者來說，完全沒有必要對購買曾經賣出的股票有什麼負擔，只要相信它的賺錢能力強，又何必計較它是不是曾經被買過？勇敢地「吃回頭草」，只要能吃飽，就是正確的選擇。

長線投資 vs 短線投機

如果有人問：「股票賣了才開始大漲，怎麼辦？」，這就要睇睇自己的股票投資哲學是什麼，自己的股票投資定位又是什麼。

如果是一個偏長線的投資人，或者著眼於投資的人，股票賣了才大漲，根本不值得追高，因為買入成本會越來越高，除非公司基本面狀況大幅轉好，否則，就投資而言，那有追買一個成本越墊越高的投資標的的道理呢？更何況，還是自己剛以合理賣價而賣掉的標的物呢？既然手中已無持股，股價於你何干呢？我覺得多數人都沒想通這個道理，不知道一個人如果已經下車了，那麼，車子將來跑得是快或慢，又跟自己有什麼關係呢？

如果是一個短線投機客，當然要勇於追逐強勢股，因為高點追高，就如同作戰要乘勝追擊，才有辦法達到勢如破竹的效果。如果沒有一鼓作氣、當機立斷的勇氣，等到該股越漲越高，自己又心癢難耐，最後豈非又會追買在最高點？多數散戶投資者，都是事後反悔又猶豫不決，徘徊在已經賣掉的股票上頭，眼看著股價日益飆高，越看越氣，越看越不平衡，如此猶豫不決，已遷延數日，並錯失黃金的追漲點了。這種人說穿了，就是要他以平常心對待，他做不到；要他果斷地追回原來的股票，他又不敢。但不敢就算了，又喜歡回頭看，看到別人賺得爽歪歪的，心理又非常不平衡，最終還是跑回去衝動地追高了。

不虧本投資心法

好馬也吃回頭草。只要股票真正優秀，重新買回來就是最正確的選擇。

贏錢時加倉
虧錢時減碼

通常而言，如果所買進的股票可以輕易獲利，則表明該股票選擇正確，說明股票呈上漲趨勢。這時，不但不可以賣出，而且還可以繼續對其補倉。如買進股票就被套，則說明對該股選擇可能錯誤，表明股票呈下跌趨勢，對於這樣的股票，不但應該趁早將其賣出，而且更不能對其補倉。道理很簡單：順勢而為才能成為贏家。你要記住8個字：順勢者昌，逆勢者亡。選時重過選股，如果你能既選股、又選時，則更加完美。

兩類加碼方式你要知

然而，在投資過程中，很多投資者認為補倉就是要補自己手中被套的，而且跌幅已深的股票。我們見到許多投資者是將略有獲利的股票急於兌現而一拋了之，對被套的股票卻做長線死捂，甚至對長期縮量下跌的股票進行補倉操作，造成股票越套越補、越套倉位越重的尷尬局面。股票下跌的趨勢一旦形成，往往會持續相當長的時間，輕易地換股和不適當地補倉，不但不會扭虧，甚至還會加劇虧損。

劉先生拿500多萬元投身股市，結果不到4個月時間，就已經虧去了100多萬元。他虧錢的原因就是不遵守投資紀律，死捂虧錢股，卻過早賣出賺錢股。劉先生原來是一家電器公司的老闆，以前生意還不錯，但他招架不住原材料的大幅漲價，而成品價格又不斷下跌的局面，只好把廠關了，從而投身股市。劉先生手裡有6隻股票，但都是虧錢的股票，能賺點錢的股票都賣掉了。他認為，賣掉賺錢的股票是因為在這隻股票上已經贏錢了，而捨不得賣掉下跌的股票，是把希望寄托在股票能漲回來。對於這些虧損的股票，他還進行補倉，以攤低成本。

其實這是個誤區，一隻股票從10元跌到5元，跌幅只有50%，而一隻5元的股票要漲到10元，漲幅是100%。特別是在弱勢行情下，10元的股票跌到5元很容易，而5元的股票漲到10元則非常難。劉先生就是不明白這個道理，結果虧了不少錢。

許多人把補倉僅僅理解是套牢後攤平成本的一種方法，其實這是不全面的。補倉的實質是加碼買入，是投資者原已持有某隻股票，在某些情況下對其追加投資，這些「情況」基本上分為兩類：贏錢時加碼和虧錢時低位攤低成本。

金字塔買入方式

贏錢時加碼，在市場上通常有正金字塔買入法和倒金字塔買入法兩種方法。前者是開始時以較多的資金購買自己所選的股票，其後股價上升，証明自己是正確的，逐漸補倉買入。但股價每升上一個台階，購買股票的數量卻在減少，形成一個股價低購買的數量大、股價高購買的數量少的正金字塔形，這是一種穩扎穩打的買入方式。後者股價每升上一個台階，每次購買的股票數量都逐漸增多，形成一個頭重腳輕的倒金字塔形。這種越升越加大買入數量的做法，是一種冒險的買入法。

贏錢時加碼買入的方式，是投資大師葛蘭碧爾的買入法則。他認為，在市場確認升勢之後，任何回落時候都是買入的時機；在市場未確認跌勢之前，任何下跌時都應該趁低吸納。

但是，這種金字塔買入方式風險很高，尤其是倒金字塔買入方式，危險性更大，稍一麻痹，不僅使原有正確買入的利潤損失殆盡，而且容易高位套牢。因為股票價格每升高一個價位，就預示著風險的增加。有時，追加買入的股票還未升到自己理想的價位，股價已經開始暴跌了。

在具體的股票投資過程中，投資者運用得最多的另一種補倉方式，是虧錢時於低位攤低成本買入，即均價買入法。本來我們是為賺錢而入市的，可是由於大勢走壞，或者是利空襲來，主力出貨，造成我們所買的股票價格逐漸走低甚至暴跌，又沒有及時止損，以至股票被深度套牢。當股價跌到一定程度後，為了攤低持股成本，便進行補倉。

這是一種被動買入法，具有較大的風險。首先，你買入股票後虧了錢，說明你買錯了股，若對買錯了的股票進行補倉，明顯屬對錯誤再投資，這不是聰明人所為；同時，若補倉之後股價再跌，心態極易不穩，會作出許多非理智的行為，導致一錯再錯，難以挽回。因此，低位補倉要非常小心。

一般的原則是，對手中一路下跌的縮量弱勢股不要輕易補倉。有的投資者眼光短淺，認定在哪個股票上輸錢，則非要在那個股票上補回來。其實，甲股賠了在乙股中賺回來效果完全一樣，沒有必要一條道走到黑，死鑽牛角尖。

補倉的前提條件

1 目前股市已經真正見底，大市沒有下跌空間。如果大市已經企穩，可以補倉，否則就不能補倉。

2 股價已經嚴重超跌，並且已背離其內在價值。

3 被套的個股基本面未出現惡化，即當初買入的理由依然存在。

補倉的基本方法

1 補倉一定要拉開價位，最好在10%以上。在連續陰跌時不要輕易補倉，免得屢買屢套，搞壞了心態。

2 可分批補倉，不輕易加量。第一次只補原來倉位的二分之一，四兩撥千斤，照樣能攤低成本，而且有了主動權。

補倉的理想股票

1 跌市中逆勢飄紅的個股

這些股票之所以能逆大市而行，有的是依靠基本面的利好消息支撐，有的則是前期已提前調整，有的是因為有實力機構進駐。總之，股票有充分的上漲理由。在這些股票上補倉，往往會有不錯的收益。

2 績優藍籌股

絕大多數情況下，投資者補倉行為是發生在弱市中的，這一時期選股，要重視個股的投資價值和成長性。在閱讀財務報表時重點是要考察上市公司利潤的構成、主營業務收入的增長率以及利潤分配方案，並且還要從行業的角度來考察上市公司未來的發展前景，以此來決策是否要實施補倉操作。

3 有新增資金積極關注的個股

此類個股雖然一時之間漲幅不大，但活躍的資金動向顯示有增量資金正在有條不紊地逐漸介入，一旦大勢轉暖，主力結束建倉期後，股價往往會得到充分的炒作，比較適宜於投資者在低位補倉。

4 有效向上突破的個股

當大勢企穩後，形成有效向上突破的個股適宜補倉。不過，個股的有效向上突破不僅僅需要價格上的突破，同時，還需要量能上的突破。其中股價必須快速向上突破5日、10日、20日、30日等多條移動平均線的壓制，而且，成交量也必須同時突破6日、12日、24日均量線的束縛，才可以確認向上突破的有效性。這類的有效突破型個股，比較適宜於中線投資者的補倉操作。

5 嚴重超跌類個股

在反彈行情中漲升潛力較大的個股當屬嚴重超跌類個股。這類個股由於股價跌幅較深，如同是被壓緊的彈簧一樣，所積蓄的反彈動能也十分強烈，往往能爆發出強勁的反彈行情。當然，股價是否超跌只能作為投資者選股的一個重要參考依據，不能完全作為補倉的選股標準。在選擇超跌股時要認清市場所處的環境和背景，研究判斷未來趨勢的發展方向，更要了解股價超跌的真實原因，分清超跌股的種類，做到有的放矢。此類個股比較適合於短線投資者的補倉操作。

6 資源壟斷類個股

如石油化工、有色金屬、電力、煤炭等基礎建設和資源壟斷型公司，由於具備市值比較穩定、流動性比較好、風險較低、能夠持續分紅等優點，將越來越受到大資金的青睞。長線投資者宜重點選擇這類個股補倉，以獲得穩定的收益。

絕不能補倉的形勢

當然，贏錢時加碼買入無可非議，但必須確定仍有可觀的上升空間，否則不如另外尋找合適的股票。而對看錯時低位補倉的股票，更要小心，必須在其跌穩、無下跌空間時才介入，方能避免錯上加錯。具体來說，以下股票是絕不能補倉的：

1 弱勢股不補

所謂弱勢股，就是成交量較小、換手率偏低，在行情表現中，大市反彈時其反彈力度弱，而大市下跌時卻很容易下跌。一旦被界定為弱勢股，則對其補倉應慎之又慎。因為弱勢股既不能達到最終解套的長遠目的，又受股性不活躍的限制而無法獲取短線利潤，反而增加了資金負擔。要補就補強勢股，不補弱勢股。

2 問題股不補

問題股常常容易爆出「地雷」，股價走勢常一蹶不振。對問題股的補倉，無疑屬於「明知山有虎，偏向虎山行」的冒險行為。

3 暴漲股不補

這類股漲幅過大，一旦莊家出局後，就轉入漫長的下跌軌道中，往往是超跌之後再超跌，很難再有翻身機會。

其實再差的股都有讓你賺錢的機會，關鍵是看買入的時機是否恰當。根據個股不同的股性來決定不同的操作策略，這叫「對癥下藥」。不過，一個真正有經驗的投資者是不會亂冒風險的，待大市下跌的風險釋放差不多了時，可以出擊一下，就像游擊戰那樣，打得贏就打，打不贏就走，保存實力是投資的首要之道。

補倉關鍵是要選擇能漲的股票，而不是選擇跌幅深的股票。因為只有能漲的股票才能為投資者帶來豐厚的利潤。假如原來持有的股票股性呆滯，缺乏上升動力，而投資者一定堅持對其補倉，必然會加重自己的投資負擔。事實上，買賣得心應手的時候，切忌得意忘形。炒股最怕貪心，本來可獲利，但由於貪得無厭而被套牢者彼彼皆是。

不虧本投資心法

虧損時不斷補倉，往往會越套越深，增加你的投資損失。

技術指標
不是萬能

技術分析法屬於統計學範疇，是不能預測行情的。有人這樣評價技術分析選股法：它給出的只是一個分析概率，也就是說，技術指標只能給我們發出買賣信號，並不可能告訴我們到底漲或跌到什麼位置。技術分析不是萬能的，但沒有它卻是萬萬不行的。

技術分析和價值分析並不矛盾

股評人士大多在點評大市或個股時都離不開技術分析，分析得有條有理。為數眾多的投資者也習慣運用技術指標來指導操作。但是，依據技術分析指標捕捉短線機會，經常時對時錯，令人筋疲力盡，很難取得持續的業績。這讓我們不得不思考和反省：是我們學藝不精？還是這些流行的技術分析工具本身在邏輯上就存在基因缺陷？

投資分析工具的有效性，有時候不是來源於其理論本身正確與否，而是來源於信賴這些分析工具的投資者們。他們依賴這些分析工具所採取的投資行為，有時候會改變或造成了特定的市場行情，從而會形成這些分析工具的自我驗證。作為投資者，不要只花費精力去研究各種各樣流行的分析方法，還要將注意力集中在上市公司本身的研究上，集中在價值分析上。

1 本身的差錯

有時候，它們發出的信號是無意義的，甚至是大錯特錯的。面對很多局勢，大多數的技術分析指標是束手無策的。而且，在恐慌性拋售下，成交必驚人。難道說，在這個價位上，有量的支持麼？恰恰相反，反彈卻要在兩、三日後方能來臨。根據那些基於成交的指標發現的信號去做一次短線，必然無獲而歸。做股票，重要的不是圖，不是線，而是人。

2 相關性差性

許多指標可以單獨使用，有些則需要配合使用，不過究竟哪些可以互相配合，又如何配合，這又是一個有待解決的問題。而且，各種指標發出的信號也不可能統統一致；比如說，某人選用二十種指標來研判某隻股票，某日，有十個指標發出了買入信號，四個指標發出賣出信號，六個指標未發出信號。怎麼辦，買還是賣？那就少數服從多數，買吧！好，結果可能是「真理掌握在少數人手中」。當然，也有可能是「真理掌握在多數人手中」。不信你試試，無標準可言。

當然，技術指標並非一無是處。否則，也不會被眾多投資者奉為至寶了。工具畢竟是工具。運用工具，便不可盲目操作。對於這些工具發出的買賣信號，只要能結合大勢，憑借經驗，再借幾分運氣，正如結語所言：「謀事在人，成事在天。」

最後，需要再次指出，技術分析不是神，技術指標就更不是神。一切掌握在投資者手中，而運用它們時，一定要慎之又慎，慎之又慎！堅持價值分析和技術分析兩條腿走路，單條腿肯定不如兩條腿走路快。堅持買入持有績優高成長的股票，利用技術分析在持有的股票中高拋低吸，反覆做短線差價，實現賺錢效率最大化。

技術分析精髓何在

技術分析是預測科學，我們不應將它萬能化，也不應否定它的作用，這也是對待任何預測科學的態度。我們中只有極少數可以成為投資大師。即使你將巴菲特的投資訣竅背得滾瓜爛熟，也未必能成為巴菲特。面對技術作業系統，最好是保持健康懷疑的態度。在劇烈波動的證券投資市場中，對於普通投資者來說，克服盲目投資的毛病，獲取正常利潤就是成功，並非一定要成為什麼大師。在投資過程中，保持正確的投資理念和良好的操作心態往往比技術分析更為重要。以下是每一項也是用技術分析的重點，大家不妨記住。

不要試圖去猜大市是否見頂，況且即使大市見頂你手中的股票仍在補漲中，你也要賣掉嗎？讓均線來幫我們判斷(30/60都行)，你手中的股票也是一樣。跌破就賣掉，漲上就買回。

不要試圖去找一根萬能線來幫助我們做出買賣的決策，因為多次的買賣是莊家所希望的，但我們自己不能亂，買賣要有依據。即使事後證明是無效的買賣，只要當時有依據就行了，過分事後自責只會使自己以後的行動猶豫不決，正中莊家圈套。

對不同的股票不要有相同的預期，因為我們用同一種指標來偵測不同的股票，盈利效果肯定不一樣，出現買賣信號就行動，不要與以前比較，否則會搞亂我們的操作思路，使我們懷疑自己的指標是否正確。

周線比日線準確，日線的波動是莊家使得詭計，迷戀日線說明你是新手，註定你要失敗。月線的使用者是大智若愚的高手。

相信技術指標比相信股價更重要。眼前一目了然的東西往往具有欺騙性，內在美才是你一生的追求，外表美只是水中月鏡中花。

永遠不要忘了突破後面緊跟著的是回調，即使有個別例外。個性和共性別搞混了。回調吸納永遠是致勝的法寶。回調後的圖形有人認為要大跌有人認為剛起步，這就是新手和大俠的區別。

技術指標有幾百種，任何單一技術指標都有它的局限性，所以我們需要多種指標互相映證。我們選出的股票其中有些因為指標提示不理想，那就把它排除，不要受別人意見的影響，也不要受它未來走勢的影響而懷疑自己的選股思路。萬一在你被套的過程中你唯一的精神支柱就是上面的理論，信與不信的掙扎過程是你成長的必經之路，闖過它你就破繭成蝶了。

不虧本投資心法

技術分析不是萬能的，也不是點金術，完全依賴技術分析往往會虧得一場糊塗。

後市不明朗時 不貿然入市

股市中，市場走勢趨向明顯地反映出大市向上還是向下的時候並不多，在感覺大市走勢看不清時，自己覺得市場「可上可下」時，投資者操作要謹慎，盲目操作常會導致與大市反方向操作，出現投資失誤，造成不該有的損失。夢想一夜暴富的人必然要失敗，耐心很重要，炒股獲勝在很大程度上是賺耐心的錢。在後市不明朗的情況下，慎重不是保守，更不是膽小，而是一種修煉，一種策略，一種準備。

巴菲特應對不明朗大市策略

股神巴菲特就是一個非常謹慎的人。他認為，股票投資必須在開始的時候就考慮周全些，謹慎些，不要一下子把全部資金投入進去，手頭經常留有數量較大的備用資金。特別是在市況比較複雜、前景不明朗的時候，更要謹慎行事。如果經濟狀況不好，那麼，第一步要減少投入，但不要收回資金。可以先投石問路。當重新投入時，一開始投入數量要小。

可是，股市上總有一部分缺少耐心的股民，雖然後市情況不太明朗，但一看到股價上升了，就急不可耐，傾其所有，全情投入，期望一夜之間，成為股市大戶。然而，期望往往會變成失望，當他們無法把握漲跌交替過程的轉折點時，他們的投入將血本無歸。

巴菲特說：「慎重總有好處，因為沒有誰一下子就有看清股市的真正走向。5分鐘前還在大幅上揚的股票，5分鐘後立即狂跌的事時常發生，根本無法一眼準確地斷定這種變化的轉折點。所以，在大規模投資之前，必須先試探一下，心裡有底後再逐漸加大投資。」

巴菲特曾經和他的合伙人準備就石油股買入3億美元的股份。一開始，他們只買了5000萬美元，然後才逐步增加，直到買人3億美元。

巴菲特說：「我不能斷定石油股一定會漲，我只有先投資小部分，然後去觀察。我得先感受一下市場的情況究竟如何。我想看看，作為一個拋售者，我的感覺怎樣。如果感覺很好，很容易把這些股票拋售出去，那麼，我會更想成為一個購買者。但是，如果這些股票實在難以拋售，我就不能肯定我還會做一個購買者。這時，我將考慮撤出我的投資。」這種謹慎的投資心態使得巴菲特的財富穩健而持續地增長。

具體操作方程式

巴菲特這種謹慎的投資心態值得我們學習。但在具體操作的時候，面對不明朗的後市，我們可以採取如下策略：

A 如果自己還沒有資金投入股市，面對這種不明朗的情況，空倉等待是最好的辦法。我們可以等到市況明朗以後再採取行動，作出投資決策。

B 如果已經投入資金，面對不明朗的市況，我們可以根據實際情況作出相應的處理：

1 投資者如果是倉位較重，不妨以靜制動，保持平穩的心態，這十分必要，投資者可以等待大市向上或向下形成突破之勢後再進行操作，如果向上突破，那重倉在握當然是踏準了市場節拍，投資者可以將手中一些質地不佳的股票派發，換成熱門板塊，爭取收益最大化；而市場向下突破，投資者可以進行果斷減磅，先拋手中質地不佳的個股或有較大升幅的個股，兌現出的資金可以在市場企穩後介人手中仍持有的個股，從而攤低成本。

2 倉位輕的投資者，可以注意觀察研判市場方向，借助技術指標來判斷市場方向，如果發現大市以小陽線形式上攻，上攻時成交量又不大，熱點板塊不明顯，而技術指標又較高時，投資者不宜加倉，以觀望為主；而如果發現大市處於築底或回調之時，技術指標也比較低的情況下，可以加倉，但注意不宜滿倉，最多半倉，這樣做攻守兼顧，如果大市向上成立立即加倉，向下則減倉，損失也不會大，這樣操作靈活機動。

3 在暫時看不清市場方向之時，投資者要注意保持平和心態，不聽小道消息，不去介入已有較大升幅的個股，如果手中個股已出現較大幅度下挫，不要盲目拋出，做到這幾點便可有效地趨利避險。此外，研判市場是上是下要特別關注市場成交量，大市成功地向上突破都有成交量的放大相伴，而且市場板塊熱點也會明顯增多，市場有效向下突破也會有量放大，所以在具體研判市場走向時，關注量的變化是極為重要。

膽識可以從知識中培養而來。如缺乏入市膽識，你將會一事無成；如不能夠在適當時間果斷的作出買賣決定，長期處於既怕跌又怕漲的心態，則表示不適宜在投機市場生存。另一方面，單憑匹夫之勇，一廂情願，希望市勢升時而買入，跌時而賣出，亦容易招致損失。

不進入情況不明朗的股市，有的人可能會認為這就錯過了機會。放棄當然意味著同時會放過機會，是一種失。但正如常言所說：失是為了更好地得，你放棄的不過是對你而言可能有較大風險的機會而已，而不是所有的機會。你保護了自己。保存了自己，也就保証你以後能有更多更大的機會。須知股市上是永遠有機會的，不用擔心股價升上去後就回不來了，總有新的機會出現在前頭。

後市不明朗的時候，耐心等待和觀望是最好的策略。既然你看不明白，就不要勉強自己。與其糊裡糊塗入市，不如等看明白了再入市。盲目行動，只會增加風險，沒有任何好處。即使在市況明朗時要全力出擊賺取利潤，但當進行買賣之前，仍須從技術分析上找出其次交易的值博率才決定是否入市買賣。

不虧本投資心法

不可逆勢買賣，市況不明朗的時候，寧可袖手旁觀，也不貿然入市。這是風險投資市場基本買賣規則。

該放棄的股票一定要放棄

不懂得高拋，就必然輸定了，很多股民就惋惜地說：開始賺了，沒拋，後來又虧了，煮熟的鴨子飛跑了，還被刁走一塊肉。希望是美好的，現實是殘酷的，殘酷的現實告訴我們，想要擁有之前，一定要先學會放棄！一杯水想要換成牛奶，首先要做的就是放棄已經擁有的水，捨得捨得，先需捨，後有得，我們要想在這個殘酷的市場中生存下去，就必須學會放棄不該擁有的股票！股市如同戰場，百戰百勝不現實，偶爾失敗是不可避免的。但失敗之後要吸取教訓，不要犯重覆的錯誤。

一種不平衡心理反應

為什麼有許多股民對應該放棄的股票卻死捂不放呢？2002年諾貝爾經濟學獎得主丹尼爾・卡尼曼博士用「損失之癢」來解釋這種社會性的心理現象。「損失之癢」是指一些人對損失金錢所表現出來的一種不平衡心理反應，簡而言之，有些人損失100元痛苦的反應是得到100元的兩倍，對損失的害怕遠遠大於對利益的偏好，這種人過度看重損失，而輕視收獲帶來的好處。

這種現象正好可以說明有些人在股市上的表現：即使某隻股票跌幅已經很大，而且已有人割了肉止了損出了局，有些人也不願意拋出，他們總是毫無理由地期望這隻股票能夠翻身。他們固執地認為，只要不拋出股票，只要擁有股票，就不算損失，就總有返回的機會；假如拋出股票，那賬面損失就真成了實際損失，也再無翻身的可能了。結果，他們最終錯過了大量的投資機會，還要忍受長期套牢的痛苦。

所以，在炒股的過程中，一定要學會放棄，不能固執地抓住早該拋棄的股票死不放手。那麼，對投資者來說，到底哪些股票該放棄呢？

前期大幅炒高的股票你要放棄

即使目前回落了，你也不要碰。「山頂」左邊的10元與「山頂」右邊的10元價值是不同的，出貨前與出貨後的10元價值是不同的。在「山頂」右邊的每一次接貨都是自尋死路。

輿論過於關注的股票你要放棄

一是輿論不可能關注正在跌的股票（除非可以做空），它毫無談論價值；二是輿論肯定關注漲得好的股票，於是散戶在輿論的推波助瀾中喪失了對此股的分析，即使有些許懷疑也把它壓下去了。

沒走出底部的股票你要放棄

有些股票的走勢像「一江春水向東流」，你在任何一個預測的底部介入，事後看都不是底。你一定要明白，底下還有底。

移動籌碼分佈圖上籌碼很分散的股票你要放棄

籌碼分散意味著主力吸籌不夠，仍然會震蕩，很容易回落，你此時進去，運氣好參加橫盤，運氣不好下跌套牢。就算是黑馬，等股價開始上漲的時候，你早已精神崩潰割肉逃命了。

量能技術指標不良的股票你要放棄

有些股票從圖形上看好像有潛力，但量能指標非常差，此時你要相信量能指標，千萬不要被股價的外表所欺騙。幻想股價沒有量的支持而上漲，那會使你作出錯誤的判斷。

沒有成長性的股票要放棄

若投資人三心二意，到了心目中的賣點卻仍然遲遲不出貨，貪心的結果時常虧損血本。經過你的綜合判斷，這隻股票成長性不高，後來它開始上漲，於是你推翻了自己的想法又追進去了，如果它又跌了，你就會後悔當初的衝動。所以不要隨時推翻自己當初的深思熟慮，否則你就不再思考了，反正都會被推翻。

對於一個不懂投資的人來說，最遺憾的，莫過於輕易地放棄了不該放棄的，固執地堅持了不該堅持的。投資者總以為自己是小散戶，非常弱小，像天上的小鳥飛不過滄海一樣，所以失去了飛過滄海的勇氣。其實你掌握了價值投資之後就會發現，不是小鳥飛不過去滄海，而是你一直找不到到達滄海的那一頭：通向財務自由彼岸的道路。

在充滿競爭，充滿風險的股票市場裡，既沒有常勝的將軍，也沒有常敗的士兵。關鍵是要隨著股票市場行情的變化，採取靈活應對的策略。當股市大勢下跌或公司受損失時，且不要被損失所糾纏，而應當機立斷，忍痛割愛。

不虧本投資心法

到了該放棄的時候，放棄雖然是一種無奈的選擇，可未必不是一個相當理智與明智的選擇。

要學會在第一時間糾正錯誤

炒股票不可能百戰百勝，偶爾出現失誤在所難免。我們首先要承認我們是人，並不是神仙。既然不是神仙，就難免會出錯。問題是我們要有勇氣承認錯誤，這是最起碼的尊重証券市場態度。投資中最大的悲哀，莫過於一直犯同樣的錯誤，一旦失手，必須認真反思、調整心態，平復心情後再做下一單，如果連續兩單接連虧損，建議馬上停止交易，靜下心來，直到找出原因，才可再操作。切記，千萬不要把錯誤歸結給運氣不好，任何一筆投資，都必須是理性投資，而不是靠運氣。

沒有固定的規律博弈

如果投資者在處境不利時，不及時認錯並糾正，而頑固地逆市操作，結果，將會像螳臂擋車一樣被市場前進的車輪壓碎。在出現錯誤時，必須要及時地認識錯誤，糾正錯誤，千萬不能將小的失誤釀成大的損失。不怕錯，就怕不認錯和拖延，一錯二拖損失更大。知錯難，改錯更難，死捂到底，必然是深度套牢。

承認錯誤，並及時糾錯，這是那些投資高手的共同特點。被譽為股神的巴菲特承認他經常犯錯，彼得・林奇也坦言自己有一大堆錯誤。他們之所以敢於坦言自己的錯誤，很重要的一點就是他們能保証在第一時間發現並改正自己的錯誤，那麼造成的損失就會小得多。

巴菲特說：「看到缺點，我就放心！」發現錯誤也是找出並改正缺點的前提。市場參與者的偏見會影響市場價格，而且有時候不僅影響價格還會影響基本面，所以他在剖析投資目標時，就習慣帶著挑剔的眼光，試圖看出其缺點。因為只要知道缺點所在，他就能領先樂觀派的投資大眾。有的投資者卻恰好相反，他們害怕犯錯誤，而且極力隱瞞自己的錯誤。這樣就是一錯再錯，等到真正知道悔改的時候，可能為時已晚了。

進入股市的每一位投資者都必須承認自己隨時可能會犯錯誤，這是一條十分重要的理念！

究其背後的原因，是因為股市是以隨機性為主要特徵，上千萬人的博弈使得任何時候都不可能存在任何固定的規律。股市中唯一永遠不變的就是變化！這種永恒的變化就決定了錯誤的存在。

初入股市的一些投資者大都抱著短期獲大利的心態，盛行短線操作。可是，一旦買入股票不漲反跌，就違反自己當初定下的交易操作策略，捂住股票不放，將短線操作被迫轉為長線操作，不顧股價已從上升趨勢反轉為下跌趨勢的實際情況。手中持有的股票越套越深，還不斷補倉，以求降低成本，其結果是蒙受了巨大的損失，資金利用率下降趨近為零，被套期間還要忍受巨大的心理煎熬。

還有一些投資者犯了錯誤心知肚明，卻因心理障礙不願及時改正。他們在賣出股票後，發現已賣出的股票仍在上漲，且經過分析認為該股仍有可能繼續上漲，但由於已在相對低位賣出，因此不願在低賣的基礎上再「高」買回來。其實炒股票主要是賺差價，「高」買的股票如還能以更高價賣出去，何樂而不為呢？

如何察覺在投資中犯了錯誤？

那麼，我們怎樣去察覺自己是否在投資中犯了錯誤呢？我們主要做好以下每一點：

1 我們要承認市場是永遠正確的，只有自己的判斷會出錯。有了這個觀念，你就會用心去尋找自己可能存在的錯誤。

2 我們要細心觀察股價運動的趨勢，是否符合自己預期的目標，假如不合，說明自己判斷錯誤。這是最早發現自己產生錯誤的時候，當投資者買入後，發現股價往下跌時，就是出現錯誤的第一徵兆。這時投資者就要保持高度的警惕性，該止虧的立即止虧，不要讓損失加大。

3 當然，有時股價也會偏出軌道，但隨後又重新走回正軌。行情往往有時同投資者開玩笑，當你止虧後，股價就立即升回，這種情況多數出現在無方向性的區間震蕩行情之中。因此，投資者在方向不明朗時，最好不要入市，這樣可以少走一些彎路。

市場無情，而風險市場最講究及時認錯、糾錯。對在交易過程中形成的損失要勇於承擔起責任，從自身找原因，不要找任何借口，即使是別人的意見影響了你，但買賣是你決定的。當在交易中及時糾錯，並減少了以前屢犯的錯誤時，你離成功就越來越近了。

切忌以賭搏的心態炒股

賭徒式的操作手法，極容易使投資者一錯再錯，以致血本無歸。

股市是風險很大的地方，所有的陷阱外面都是鮮花盛開，而所有的機會外面都是荊棘密佈，如果你沒有分辨的能力，其結果一定是因錯失良機而懊悔，因踏入陷阱而痛苦。

天上不會掉下餡餅，世上沒有免費的午餐。所以，我們一定要認識到股市的巨大風險，不要用賭博的心態來炒股。當你產生入市念頭的時候，一定要審視好自己的心態，保持投資的心態，絕不可以懷任何賭搏的念頭、做任何賭搏的行為，賭往往導致投資者最終虧損離場。

有人一入市就買了一隻很便宜的垃圾股，結果恰逢這隻股票重組，他獲益豐厚。後來別人告訴他，這是垃圾股，所以非常便宜，但是重組後又重估價值，所以大漲。於是他又去買其他的垃圾股，他賭它們也會重組或有什麼利好消息，結果垃圾股退市，他不僅把利潤賠進去，還賠了本金。

具有賭徒心理的股市投資者，總是幻想著一朝發跡。他們恨不得捉住一隻或幾隻股票，一次使自己一本萬利，他們一旦在股市投資中獲利，多半會被勝利沖昏頭腦，像賭徒一樣頻頻加注，恨不得把自己的身家性命都壓到股市上去，直到輸個精光為止。當股票走勢低迷時，他們常常不惜背水一戰，把資金全部投在股票上，這類人多半會落得個血本無歸的下場。

不要令自己陷入惡性循環

有好多人甚至抵押房產、汽車貸款炒股，借款炒股，還有一些老人把養老的錢投進股市，他們的共同目的就是「賭一把」，想一夜暴富。像這種抱著賭搏的心態進行投機，極易造成心理失衡，也容易出現操作失誤，造成巨虧。而且抱著賭搏心態的股民往往孤注一擲，贏了想下次賺得更多，虧了期望下次再撈回來，於是傾其所有，陷入惡性循環，不能自拔。

股票市場風風雨雨，寒暑難料，炒股是一種投資行為，而非投機。要想炒股理財，需做好長期投資的準備，不能忽視自身的風險承受能力，更不要抱著賭搏的心態進行投機。

股票市場不是賭場，投資者要冷靜地分析形勢，制定好投資計劃，克服賭搏心理，防止炒股操作上的情緒化。炒股是投資，不是賭搏，如果你把它當成賭搏，你總有一天會傾家蕩產，血本無歸。誰都會犯錯誤，這是不可避免的，沒有錯誤的人是不存在的。但重要的是要能快速準確地發現錯誤，並且在第一時間及時糾正錯誤。

不虧本投資心法

可以錯一時，不能錯一世。在股市中不怕犯錯，最怕不及時改正錯誤。

玩短炒
最忌染上布里丹效應

炒股的成功在於選擇和決斷之中，許多投資者心智有餘，而行為的果斷性不夠，在剛上升的行情中不願追價買入，而眼睜睜地看著股票大漲特漲，到最後才又迷迷糊糊地追漲，結果被「套牢」，叫苦連天。股市是優勝劣汰十分激烈的場所，這裡沒有人情味，適者生存。這裡需要對股價走勢進行正確的判斷和果斷地採取行動，任何猶豫不決都可能導致投資者與機會失之交臂，從而坐失良機，遺恨無窮。

簡單三招破解布里丹效應

丹麥哲學家布里丹先生有一則寓言故事，內容是說有頭毛驢在乾枯的草地上好不容易找到兩堆草，由於不知道先吃哪一堆好，結果在無限的選擇與徘徊中餓死了。後來，人們就把這種猶豫不決、遲疑不定的現象稱之為「布里丹效應」。在股票投資中，這種猶豫不決的人也不在少數。

炒股的時候，一般人容易猶豫不決。這也是投資者往往會錯過機會的主要原因。那麼，投資者該怎樣克服這種弱點呢？具體來說，最簡單的招數只有三招：

第 1 招：準

所謂準，就是準確，當看準一隻股票後，要當機立斷，堅決果斷。如果像小腳女人走路一般，走一步搖三下，再喘口氣，是辦不了大事的。如果遇事總想一想，思前想後，時間拖得太久那就很難談得上「準」字。當然，這裡所說的準是相對的，事情總在變化，股市中也沒有把握十足的事。如果大勢一路看好，就不要逆著大勢做空，同時，看準了行情，心目中的價位到了就建倉做多，否則，猶豫太久失去了比較好的機會，那就只能後悔莫及，最後難免會急於彌補損失強行操作，終鑄成大錯。

第 2 招：狠

所謂狠，就是要有勇氣和決心。它包含兩方面的含義。一方面，當選擇錯誤時，要有壯士斷腕的勇氣認賠出場，不可優柔寡斷；另一方面，當方向正確時，可考慮適量加碼，乘勝追擊。股價上升初期，如果你已經飽賺了一筆，不妨再將股票多保持一會兒，不可輕率獲利了結，可再狠狠地賺一筆。

第 3 招：穩

在具備準、狠的條件後，還是要講一下穩。在初涉股票市場時，以小錢作學費，細心學習了解各個環節的細枝末節，看盤模擬做單，有幾分力量作幾分投資，寧下小口，不可滿口，超出自己的財力。要知道，証券投資具有很高的風險，再加上資金不足的壓力，患得患失之餘，自然不可能發揮高度的智慧，取勝的把握也就比較小，因此要穩。

所謂穩，當然不是指跟風買股，在股票交易中，要胸有成竹，對大的趨勢作認真地分析，要有自己的思維方式，而不可隨波逐流。要做到穩妥，還要將自己的計劃，時時刻刻結合市場的走勢不斷修正。換言之，投資者只有將靈活的思維與客觀的分析相結合，才能夠使自己長期獲利。

在做任何事的過程中，信心是推動人行動的根本動力。當人們對自己的行為結果可以作出很有信心的預測時，就會行動果斷，反之，就會猶豫不決。

炒股分析工具的豐富，增加了人們對股票市場的了解，使得人們在面對股票時可以有充分的自信。但在股市上，決定股票走勢的不確定因素非常多，人們難以通過增加對它的了解建立起足夠的信心。

一個人的心態和情緒，會影響到一個人的行為、判斷，所以，易暴易躁的人，一定要懂得自我調節，減少損失。否則，建議早日退出投資行業，及時止損。投資應該是一種基於市場運行趨勢和規律，透過市場心理分析之後的一種理性投資方式，而不是憑感覺、靠猜忌進行的一種賭博行為。投資過程中要保持平常心，不要抱有太多的幻想，現實總是比理想更加骨感，穩健投資才能積少成多。

沒有人會把股市徹底研究透了，而且股市變化也不給人時間把它研究透，必須要求快速地作出決定。所以，在股市操作中，投資者不僅要有豐富的經驗和對行情的深入研判，還必須有一種來自內心的強定力，否則很難做到行動快速而果斷。投資者心中應該有一把「利劍」，該買則買，該賣則賣，果斷行事，免得後悔。

不虧本投資心法

股市變化多端，許多機會稍縱即逝，如果時時畏縮不前，事事猶猶豫豫，那就無法從股市賺錢。

. . .

分紅派息前後買賣技巧

公司由宣告派息，到落實派息是相距一段時間。例如某股票的年結為12月。那麼，根據聯交所的規例，公司的業績公佈期必須在年結之後六個月內公佈。假設公司在翌年六月中公佈業績，並同時宣佈派息詳情及派息日期；如當時公司股價是10元，宣佈在7月2日派息0.4元，那麼公司的息率便為四厘。那股息率對公司股價有何啟示？為何股息率的因素要加入選擇投資組合時的考慮？

要密切關注與分紅派息有關的4個日期

你知道嗎？股息率通常用於參考公司相對當時股價而派發的「紅利」，但其實當中亦可對公司股價的估值、有沒有潛在升幅有不錯的參考價值，甚至對管理層的想法及對將來的方向亦有啟示，當我們明白了，便會懂得在那些時間內加入甚麼股票在我們的投資組合內了。

在分紅派息前夕，持有股票的股東一定要密切關注與分紅派息有關的四個日期，這四個日期是：股息宣佈日，即公司董事會將分紅派息的消息公佈於眾的時間；派息日，即股息正式發放給股東的日期；股權登記日，即統計和確認參加股息紅利分配的股東的日期；除息日，即不再享有本期股息的日期。

股東名冊有名才有息收

在這四個日期中，尤為重要的是股權登記日和除息日。由於每日有無數的投資者在股票市場上買進或賣出，公司的股票不斷易手，這就意味著股東也在不斷變化之中。因此，公司董事會在決定分紅派息時，必須明確公佈股權登記日，派發股息就以股權登記日這一天的公司名冊為準。

凡在這一天的股東名冊有記錄在案的投資者，公司承認為股東，有權享受本期派發的股息與紅利。

如果股票持有者在股權登記日之前沒有登記過戶，這樣公司不承認其為股東。由此可見，購買了股票並不一定就能得到股息紅利，只有在股權登記日以前到登記公司辦理了登記過戶手續，才能獲取正常的股息紅利收入。

至於除息日的把握，對於投資者也至關重要，由於投資者在除息日當天以後購買的股票，已無權參加此期的股息紅利分配。因此，除息日當天的價格會與除息日前的股價有所變化。一般來講，除息日當天的股市報價就是除息參考價，也即是除息日前一天的收盤價減去每股股息後的價格。

例如，某股股價在除息日前一天為9元，股息為0.5元，那麼在除息日，開市的股價便會變為8.5元。因為當天投資者已預知會收到0.5元股息，所以股價加上股息，相等於未除息之前的股價，投資者的利益並沒有減少。

除息前夕股價走勢

由於在除息日股價會下調，所以人們會有一個錯覺，以為股票變得「抵買」，因此有「炒除息」的說法。一些投資者會在股票除息當日買入該股，然後等候股價反彈再沽出套現獲利；而對有中、長線投資打算的投資者來說，也可趁除息前夕的股價偏低時，買入股票過戶，以享受股息收入。

出現有時在除息前夕股價走勢偏弱的原因，主要是因為短期投資者一般傾向不過戶、不收息，故在除息前夕多半設法將股票脫手，甚至價位低一些也在所不惜。因此，有中、長期投資計劃的人，如果趁短線投資者回吐的時候入市，即可買到一些相對廉價的股票，又可獲取股息收入。至於在除息前夕的哪一具體時點買入，則是一個十分複雜的技巧問題。

一般來講，在截止過戶時，當大市尚未明朗時，短線投資者較多，因而在截止過戶前，那些不想過戶的短線客，就得將所有的股票賣出，越接近過戶期，賣出的短線客就越多，故原則上在過戶截止日期前的1-2天，可買到相對適宜價位的股票。

但切不可將這種情形絕對化，因為如果大家都看好某種股票，或者某種股票的股息十分誘人，也可能會出現「搶息」的現象，即越接近過戶期，購買該種股票的投資者越多，因而，股價的漲升幅度也就越大，投資者必須對具體情況進行具體分析，以恰當地在分紅派息期掌握買賣時機。

不虧本投資心法

分紅派息後股價偏低，引起大眾的投資熱潮；此時也是股民們睜大眼睛觀察股價微妙變化的時候。

贏在學會戰勝恐懼

上漲的時候驚慌失措，唯恐已經到手的利潤再失去，下跌的時候無動於衷，認為只要不拋售，就不算損失。這是散戶最典型的心理寫照。在炒股的過程中，恐懼常會使散戶的投資水平發揮失常，屢屢出現失誤、並最終導致投資失敗。特別是在暴跌的時候，人們的恐懼會達到極點，這時往往會不由自主地選擇割肉離場。人之所以恐懼，是因為對前途沒有信心和曾經有過慘痛的經歷。實際上，炒股最後炒的就是心態，只要你的心足夠靈活而堅硬，就能夠在股市從容地持續盈利。

避開莊家的恐嚇

股票市場是專門針對人性弱點設計的，人性的貪婪與恐懼在股市中表露無遺。莊家會利用投資者情緒，導致股價大幅偏離心目中的內在價值，莊家就可以這樣利用其他投資者的錯誤定價獲取相當豐厚回報。

巴菲特之所以成為一代股神，是因為他能在市場普遍「恐懼」時「貪婪」，在市場普遍「貪婪」時「恐懼」。為什麼大家都沒能成為巴菲特？因為上述簡單的原理說易做難！既然同時克服「貪婪」與「恐懼」有困難，那我們就退而求其次，先從克服其中的一種：「恐懼」做起吧。

心理承受能力差的人往往會受到太多的折磨而崩潰。莊家正是利用這個特點，左右散戶的投資行為。同樣一塊白手帕上面的一片紅色，樂觀的人看到的是鮮花，而悲觀的人看到的卻是鮮血。

莊家利用輿論作工具，左右人們的思想。他們在低位吸籌碼時，製造恐慌氣氛，嚇出散戶手中的籌碼，而高位出貨時，又製造樂觀氣氛給散戶造成踏空的心理暗示，從而不顧一切地追高接籌。因此，投資者要在股票市場中取得成功，必須要克服恐懼。

在克服恐懼之前，我們先來看莊家是如何製造恐懼的。一般來說，莊家利用散戶恐懼心理的手法有兩種：

第 1 種

這也是最直接的一種，就是打壓股價。股價大幅下跌，散戶就會自然而然地產生恐懼心理，當承受不了這種壓力的時候，就會拋出手中的籌碼。

第 2 種

這就是不斷拋出極具殺傷力的「空頭炸彈」，來誘騙散戶手中的籌碼。在現實中，有不少黑馬就是從那些讓人唯恐避之不及的虧損股中誕生。大家可特別關注那些公告虧損之後股價連續跳空下行，隨後在低位連續放量的個股，此類個股多是莊家利用「虧損炸彈」來騙籌。若某公司公告債務纏身，就放大其債務官司纏身的消息，給人感覺這家公司馬上要倒閉破產，其實這不過是莊家的「苦肉計」。

如何克服恐懼心理的影響

散戶明白了莊家這種利用自己恐懼心理的技倆後，就要放平心態，克服恐懼心理的影響，大膽地跟莊賺錢。那麼，散戶該如何戰勝自己，克服恐懼心理呢？

1 了解所選中個股的各種情況

在操作前要認真細緻地準備，了解清楚莊家和股票的具體情況。有些投資者的操作十分草率，在還不了解某隻股票的情況下，僅僅是因為看到股評的推薦或親友的勸說以及無法確認的內幕消息而貿然買入，這時心態往往會受股價漲跌的影響而起伏不定，股價稍有異動就會感到恐懼。

因此，盡可能多地了解所選中個股的各種情況，精心做好操作的前期準備工作，是克服恐懼的有效方法。

2 培養正面接受的能力

找出可能發生的最壞情況後，讓自己必須去接受它，而不是逃避。事實是永遠逃避不了的。雖然十次百次的失敗讓你現在的情況會很糟糕，你也不可能次次逃避，遲早都要面對已經發生了的事實。也就是說，股價已經跌了，虧損也已發生了，只要在自己承受的範圍內，就沒有什麼太害怕的，勇敢地去面對它，想辦法減少損失。

3 必須合理控制倉位

操作中要有完善的資金管理計劃，合理地控制倉位結構，不要輕易滿倉或空倉。如果投資者的倉位結構不合理，比如倉位達到100%的滿倉或100%空倉時，心態會因此變得非常不穩定，最容易趨於恐慌。

4 要學會堅持和忍耐

當莊家在大力震倉洗盤的時候，散戶要採取忍耐的態度。歷史的規律表明，真正能讓投資者感到恐懼的暴跌一般持續時間不長，並且能很快形成階段性底部。所以，越是在這種時候，投資者越是要耐心等待。

5 要樹立穩健靈活的投資風格

如果投資者的投資風格是傾向於價值投資方式的，選股時重點選擇有價值的藍籌類個股的穩健型投資者，在遇到股價出現異動時，往往不容易恐懼。相反，那些致力於短線投機炒作的投資者，心理往往會隨著股價的波動而起伏，特別是重倉參與短線操作時，獲取利潤的速度很快，但判斷失誤時造成的虧損也很巨大。因此，投資者要適當控制投資與投機的比例，保持穩健靈活的投資風格，這將十分有助於克服恐懼心理。恐懼是投資者在股市中獲取贏錢的最大障礙之一，要想成為股市的贏家就必須克服它，戰勝它。

不要再為打翻的牛奶哭泣

後悔的事每個人都會遇到，股市中有太多令人後悔的事情。有些人因一時、一次虧本後就一蹶不振，悲觀後悔，這是股民的常見心理，也是一種嚴重的心理誤區。一些人為錯失了一次出貨良機而捶胸，另一些人在為錯過了一匹黑馬而頓足。實際上，他們都是落入了「後悔」的心理誤區，如果不能盡快從誤區中走出來，就很容易繼續出現操作失誤。股票市場不相信祈禱，也不相信眼淚，只有常總結經驗、吸取教訓，才能在以後的投資過程中少犯錯誤，減少悔恨。現實中，一旦人們遭遇重大損失，往往會非常沮喪後悔。而這種由悲觀後悔帶來的情緒，對投資者來說是非常不利的。後悔心理常常會使投資者陷入一種連續操作失誤的惡性循環中，所以投資者要盡快擺脫懊悔心理的枷鎖，才能在失敗中吸取教訓，提高自己的操作水平，爭取在以後操作中不犯錯誤或少犯錯誤。

其實，人在股市，十有八九不如意，股市就是變化莫測的地方。對股市的認識和操作有失誤，是很正常的，後悔是正常的心理，是悔過的一種表現。人的心理趨向往往是不願意產生後悔的結果，因而害怕後悔。但股市不怕錯，也應該允許錯，因為散戶不是神仙，不能預測十分準確。怕的是不認識失誤，不改正失誤。但後悔不是目的，目的是要冷靜地分析原因，弄清錯在哪理，今後應怎樣避免。

如果一味後悔，不分析原因，找不準原因，只在嘴上說說而已，會搞壞心態，搞亂思維，不能提高操作技巧，這才是最不值得的。 股市不相信悔恨的眼淚，唯有總結經驗，吸取教訓，不斷提高自己炒股的水平，才能在以後的投資過程中少犯錯誤。投資理財是場馬拉松。馬拉松的長度使得道路上少不了曲折，也免不了因途中風景和環境的變化而帶來很不相同的感受，而勝利的關鍵不在於一次或幾次的加速沖刺，真正的勝利屬於堅持不懈、有良好耐力、長期保持勻速的選手。因此，我們需要具備淡定的心態，真正做到耐心和堅持不懈地走正道，才能避免追漲和殺跌，才能通過戰勝自我來取得投資理財的成功。

不虧本投資心法

在股市上，錯誤往往不是源於無知，而是恐懼，若希望提升自己的交易境界，則必須克服恐懼。

股神意識 今天就要複製

不同的人，心中有不同的股神，巴菲特：講求價值投資及長線持有，要懂得規避風險，保住本金。索羅斯：認識風險，見壞即閃，敢冒險不是忽略風險，從歷史借鏡。羅杰斯：當所有人都瘋狂，就必須保持冷靜，學習逆境投資；當人驚惶失措，猶豫不決，就是入市時機。東尼：買股忌見異思遷，好股要長線持有，投資前要分析公司過往業績及業務前景。不過，其實股市中只有人沒有神，只要用對方法，小蝦米也能變成大鯨魚！認真學習，找到適合自己的投資方法，相信下一個成功的散戶就是你！

教訓比經驗更重要

經驗多是成功的總結，教訓則是失敗的總結。一般來說，炒股經驗是大多數投資者願意聽願意看願意接受的，所以，每天廣播電視網站和報刊雜誌炒股經驗連篇累牘。講股佬的經驗文章往往把成功的論點論據說得天衣無縫、十分充足，而其他的可能性很少提及，久而久之投資者被「成功經驗模式和慣性思維」固化了麻痹了，失去對股市潛在風險的敏感與警惕，結果按照經驗操作輸了錢。另外，股市裡還有一條「成功經驗不成功定律」，說的是一條成功經驗一旦被多數投資者所知道所使用，莊家機構就會反向操作，將散戶投資者一網打盡。

教訓主要總結失敗的沉痛的東西，讓人以史為鑒、警鐘長鳴，久而久之投資者風險意識增強了，克服了僥幸心理，就會養成規避風險的慣性思維，操作失誤就會自然而然地避免或減少。因為炒股安全比贏錢更重要，所以教訓也就比經驗更重要。

理念比技術更重要

多數投資者認為投資理念是「務虛」，炒股大道理誰都懂；技術分析是「務實」，是炒股的真本事和硬功夫。甚至有人認為只要學好技術分析的方法、技巧和絕招，不管什麼市道都贏錢。事實上，股市裡屢屢輸錢的就是這些自以為很聰明很有本事的「技術派」，因為他們經常犯的致命錯誤就是投資理念錯誤，而不是技術分析錯誤。

比如，「不買下降通道」的投資理念，因為「下跌不言底」。可是總有人鼓動按技術指標搶反彈，結果多數人越搶越套，越套越深。又比如，「熊市空倉、牛市滿倉」的投資理念，因為熊市80%～95%股票是下跌的，牛市70%～90%股票是上漲的。可是，熊市裡總有很多分析師依據技術分析忽悠投資者買股票，結果多數人誰買誰被套。再比如，一些投資者沒念幾年書，也沒有電腦和技術分析軟件，他們就懂得「春播、夏鋤、秋收、冬藏」的波段投資理念，春播買股票，夏鋤持股，秋收賣股票，冬藏空倉，一年操作一、兩次(季)，象農民種田一樣輕輕鬆鬆贏了錢。

不同的信號有不同的操作，同樣的操作有不同的技巧。萬般神通皆是術，但道才是根本，投資者們一直在苦苦追尋一種放之股海而皆準的利器，本無可厚非，但是，任何技術，都必須有扎實的基礎，只有弄明白了最基本的道理，才能融會貫通，綜合運用。

人們常說技術是不斷研究總結出來的，經驗是不斷犯錯摔打出來的，能力是反覆操練感悟出來的，進步是犯錯後糾正出來的，反復操練，不斷驗證，加強總結不斷糾正，方能做精一招，才能一招鮮，吃遍天。歷史重演總是在重演，所有的技術分析都是基於歷史的借鑒，只有從歷史中去尋找規律，只有尊重歷史，才能掌握技巧。

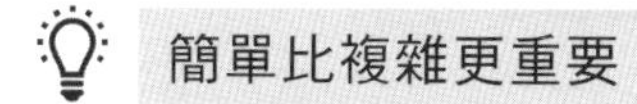

簡單比複雜更重要

股市是錯綜複雜的，上市公司是錯綜複雜的，莊家是錯綜複雜的，市場資金流和信息流是錯綜複雜的，就連投資分析的方法和技術也越來越繁多、越來越複雜。作為一個投資者沒有精力、沒有能力、沒有必要研究那些瑣碎複雜的問題。本來股市投資並不是那麼複雜那麼神秘的事情，而是被人為複雜化神秘化了。

其實，最有用最重要的投資理念也就那麼十條八條，技術分析說過來說過去就「量、價、時、空」四個要素的變化，你最常用的而且覺得最有用的技術指標也就幾個。複雜化的結果往往主次不分，神秘化的結果往往故弄玄虛，既坑人又害己。請牢記：股市投資過程中最基本、最簡單的才是最有效方法。

缺點少比優點多更重要

股市投資成功和失敗與一個人的優點（優勢）多相關性不大，比如有人是碩士、博士、專家教授、政府官員等高智商的人，有人買了幾套投資軟件集智能分析之大成，有人是同事朋友之間公認的強者能人等等，具有很多優點優勢，結果還是股市大輸家。道理很簡單，就是那個人的那麼多的優點優勢對於股票投資決策並不是最關鍵最重要的。相反，有的人普普通通、平平凡凡，沒有那麼多的優點優勢，卻成為了股市大贏家。道理也很簡單，就是那個人投資決策過程中缺點少。

換句話說，一個人有一百個「優點」，只有一個「缺點」，而且這個「缺點」導致你在投資過程中重複犯關鍵性錯誤，你就永遠擺脫不了輸錢的厄運。打個比喻，「桶」是裝水的容器，不管你是用真金白銀做的，還是用檀香木精雕細刻的，只要桶底有一個小洞洞，就是一個漏水的「破桶」，沒有使用價值。你的「桶」盡管是塑料的，或是鐵皮的，或是陳舊笨重的木桶，只要沒有小洞洞，就能裝滿水，裝滿股市裡的「錢」。這就是投資者缺點與優點的「輸贏辯證法」。

耐心比膽大更重要

有一句股諺，「股市投資高風險高收益，兩軍對恃勇者勝」。持有這種觀點的人鼓動做短線、搶反彈、弱市行情逆向操作，似乎人有多大膽就能贏多大錢。這種投資思維和操作方法對於極少數投資者可能是成功的，但是，對於多數投資者卻是「投資陷阱」。因為與虎謀皮、狼口奪食畢竟是高風險高難度的投機，所以並不適合也不是多數投資者明智的選擇。

著名的巴菲特每年證券投資獲利30%就被稱為股市大贏家，關鍵是他只贏不輸或贏多輸少。我們一些投資者偶爾一年獲利100%、300%、500%，甚至更多，可是後來又輸個精光。巴菲特始終是一個贏家的秘訣：「安全第一，耐心第一」。

股市不管是牛市，還是熊市或平衡市，每一年至少有一波持續時間較長的、上漲空間很大的、多數股票獲利的行情，或是兩波、三波這樣的行情，只要你耐心等待，司機買進，行情結束果斷出局，可能就是贏家了。

大家都知道，「獵豹捕食」的原則，獵豹那麼兇猛的動物，有時為了捕獲一隻獵物，餓著肚子耐心地埋伏幾天，等待最安全最有把握的時機，而且還專挑「老弱病殘」的目標襲擊，成功率極高。在股市投資裡，我們應該學習獵豹的耐心，不要象「機靈聰明」猴子亂蹦亂跳。

不虧本投資心法

「知己知彼、百戰不殆」，自己才最了解自己，才知道怎樣以己之長應對彼方之短。如果你還在依賴股評家和分析師這根拐棍，就一定是股市裡還經常摔交的人。

你也想有他們獨特的思維？
他們的大腦秘密由這裡開始→